燃气轮机专利预警分析——涡轮

杜兴华　王艳华　傅琳　著

吉林大学出版社
·长春·

图书在版编目（C I P）数据

燃气轮机专利预警分析 . 涡轮 / 杜兴华，王艳华，
傅琳著 . -- 长春 : 吉林大学出版社，2022.8
ISBN 978-7-5768-0641-0

Ⅰ . ①燃… Ⅱ . ①杜… ②王… ③傅… Ⅲ . ①燃气轮
机—专利—研究②燃气透平—专利—研究 Ⅳ .
① TK47-18

中国版本图书馆 CIP 数据核字 (2022) 第 180752 号

书　　名：燃气轮机专利预警分析——涡轮
RANQI LUNJI ZHUANLI YUJING FENXI——WOLUN

作　　者：杜兴华 王艳华 傅琳 著
策划编辑：李承章
责任编辑：刘守秀
责任校对：田茂生
装帧设计：肖彦传媒
出版发行：吉林大学出版社
社　　址：长春市人民大街 4059 号
邮政编码：130021
发行电话：0431-89580028/29/21
网　　址：http：//www.jlup.com.cn
电子邮箱：jldxcbs@sina.com
印　　刷：廊坊市海涛印刷有限公司
开　　本：787mm × 1092mm　1/16
印　　张：10.5
字　　数：150 千字
版　　次：2023 年 1 月　第 1 版
印　　次：2023 年 1 月　第 1 次
书　　号：ISBN 978-7-5768-0641-0
定　　价：67.00 元

版权所有　翻印必究

前言

燃气轮机是当代高端技术的结晶，代表了装备制造业的最高技术水平，被人们誉为动力机械装备领域制造工业“皇冠上的明珠”，其技术发展水平是一个国家综合国力和科技水平的集中体现，是国家安全和强国地位的重要战略保障。

燃气轮机技术及其相关产业发展事关国家能源安全、国防安全，事关国计民生和科技创新，在电力生产、能源开采与输送、舰船及航空工业和分布式能源系统等领域有着不可替代的战略地位和作用，尤其是在舰船和航空等国防工业领域，燃气轮机由于其本身的功率密度大、机动性能好、振动噪声低、寿命长等特点，作为舰船动力装备具有无可比拟的优势，是国防动力装备现代化的重要标志之一。可以说，燃气轮机是当代动力装备的核心，其技术水平是制约国防装备现代化建设的重大瓶颈，是关系国防安全的主要动力装备之一。此外，燃气轮机产业发展对装备制造业和社会发展具有重要推动作用，是重要的战略性产业。

通过对燃气轮机行业专利文献的分析，能够客观地反映燃气轮机行业专利总体态势、技术发展路线和主要竞争主体的研发动向和保护策略，是有效利用专利信息、降低运营风险、防范专利权纠纷的重要手段，是有效开发和保护燃气轮机自主知识产权、提升竞争优势的重要途径，从而为燃气轮机行业制定技术创新战略、研发策略和竞争策略提供不可或缺的支撑。

本书的研究内容来源于黑龙江省知识产权局的“燃气轮机行业专利预警分析研究项目”，感谢黑龙江省知识产权局对本书项目的大力支持与肯定。本项目采用专业方法，精确地进行了专利检索，共计检索燃气轮机领域相关专利5.6万余项，从专利技术整体态势、全球及重要市场的专利布局、主要申请人等维度，宏观分析了燃气轮机专利技术的整体发展；围绕船用涡轮技术领域开展了专利技术分析，从申请趋势、专利技术流向、竞争态势、主要创新主体、技术功效、技术路线、核心专利解读，以及侵权预警等分析维度，梳理了船用涡轮技术领域的专利技术发展路线与未来发展方向，确定了主要研究力量，挖掘了先进技术方案。

在燃气轮机专利预警分析的研究过程中，得到了国内高校和研究院所的大力支持，特别是哈尔滨工程大学动力与能源工程学院王忠义等教授，刘勇男、李政、王瑞浩等博士研究生花费了大量时间和精力对专利文献进行研读，从技术上对本书研究内容进行深度分析，总结归纳了技术手段、技术目的等内容，对涡轮相关技术的专利进行了标引，精确绘制了功效矩阵图；中国船舶集团有限公司第七〇三研究所何建元高级工程师、季晨工程师、孙彦博工程师，帮助作者对燃气轮机技术谱系进行专利划分，指导作者研究分析燃气轮机各技术分支的背景等。本书凝聚了知识产权领域、燃气轮机领域专家学者的智慧，希望这些研究内容能对我国的燃气轮机行业提供有益参考。

由于本书中专利检索的范围以及专利分析工具的限制，本书的数据、结论仅供参考、研究。

杜兴华

2022年3月

目　录

1　燃气轮机概述

1.1 燃气轮机类型

1.1.1 航空发动机

人类在航空领域取得的每一次重大进展，都与航空动力技术的突破和进步有直接关系，航空发动机如今已成为衡量一个国家科技水平、军事实力和综合国力的重要标志之一[1]。从第二次世界大战结束到现在，航空燃气涡轮发动机取代了活塞式发动机，开创了喷气时代，在科技技术持续创新的背景下，涡轮喷气发动机、涡轮风扇发动机和涡轮螺旋桨发动机等在不同时期展现了不同的优势，促使航空器的性能得到了稳步提升。从世界航空发动机的发展历程来看，以燃气涡轮为基础的喷气发动机目前占主导地位，并且仍将持续下去。涡轮发动机能够影响如此持久，主要的原因是其技术不断在进步[2]。

在民用方面，目前主要新型号发动机都以追求安全性、可靠性和经济型、低污染性和低噪声性等为主，通过改进气动设计、低排放燃烧室、风扇材料、高效涡轮叶片冷却技术等，不断加强航空发动机满足民用飞机安全、环保、经济、舒适的要求。欧洲在进入 21 世纪后，针对大涵道比涡轮风扇发动机计划、降低飞机噪音计划、环保航空发动机计划及新型航空发动机方案等，投入大量资金研制以满足欧洲“洁净天空”计划的要求。

在军用方面，具有高性能（高推重比等）、高可靠性、长寿命、低油耗等特点的发动机不断满足军用性能提升的要求 [3]。欧美国家正在实施综合性的先进涡轮发动机技术计划，开发低排放燃烧室、智能控制系统等部件和技术，改进和提高推重比、增强可靠性、降低耗油率 [3]，从而为研究变循环发动机、多电 / 全电发动机、智能发动机等新型发动机提供技术基础 [4]。未来，变循环发动机在各种飞行条件和工作状态下会得到更好的运用，多电发动机技术可全面优化燃气涡轮发动机的结构和性能并降低寿命期成本，智能发动机技术将使军机推进系统结构更紧凑、效率更高 [5]。

1.1.2 重型燃气轮机

燃气轮机在当今的生产生活中被广泛地应用，使用燃气轮机发电，其效率能够高达 65%，是人类当前所掌握的能源利用效率较高的商业化发电方式。按照燃气轮机的涡轮进口温度可以将其大致分类为：900℃的 A 级，1 000℃的 B 级，1 100℃的 C 级，1 200℃的 D 级，1 300℃的 E 级，1 400℃的 F 级，采用回收型蒸汽冷却燃烧器、进口温度 1 500℃的 G 级以及在此基础上 1 500℃的 H 级 [6]。

在我国发展初期，燃气轮机的生产技术只能依赖国外进口，我国 20 世纪 50 年代末开始自主研究重型燃气轮机。不过由于国家政策调整，我国的重型燃气轮机的研究速度相对变慢。目前我国也在大力发展重型燃气轮机，不过还没有完全地掌握到重型燃气轮机的核心技术。中国计划将在 2023 年完成 300MWF 级重型燃气轮机的设计，并在 2030 年完成 400MWG/H 级重型燃气轮机的设计，跻身世界先进国家行列。

目前，其最新技术发展趋势是：提高热力参数；提高单机功率；研究并应用新型材料、加工工艺和涂层，发展涡轮叶片冷却技术来提高涡轮进口温度；先进的总能量综合利用，采用复合循环；采用多级可调静叶改善叶型来提高压气机的流量，并且研制高性能的压气机；控制 NO_x 的排放，探索低污染燃烧技术；提高燃气轮机对各种燃料的适应性；先进的自动控制与保护系统及机组运行方案的优化。

1.1.3 船用燃气轮机

船用燃气轮机在一些技术发达的国家得到了广泛的应用，特别适用于常规排水型舰艇、特种高性能舰船和快速军辅船。燃气轮机具有单机功率大、体积小、质量轻、启动加速性好、操作维护简单、保养方便和工作可靠等优点[7]。其优劣性与经济性密切相关，简单来说，是根据其购买的价格、运行费用、运行性能和维修性能来决定。船用燃气轮机相对于陆用而言，更加注重其单机功率、比体积和可操纵性能[8]。

航空发动机推进装置的发展趋势与船用动力装置的发展是紧密有联系的。航空发动机的发展为舰用燃气轮机的设计提供了坚实的基础，航机舰用化可以大大缩短研发周期和经费。来源于航空发动机的经验可以有效地用于为船用推动装置进行维护和保养。

目前，燃气轮机也在部分民用船舶得到应用，其具有功率高及低污染物排放等优越性。而功率的提高目前主要是通过提高部件效率、提高燃气初温、降低机械损失、降低阻力损失、降低空气损耗、选择适当的压缩比和改善热力循环的方式来实现。燃气轮机的输出功率对高速船舶及军用舰艇举足轻重，因而巡洋舰、高速渡轮和快速货轮都采用功率较高的燃气轮机推进装置，但是在小型船舶，如巡逻艇、游轮和气垫船中均有相关应用。

1.2 燃气轮机主要结构

1.2.1 压气机

1.2.1.1 离心压气机

离心压气机具有结构简单、单级压比高、轴向尺寸小等特点，被广泛应用于微小型燃气轮机。

20 世纪中叶，广大学者开始对离心压气机内部流场结构进行研究。1957 年，学者 A.J.Acosta 和 R.Bowerman[9] 进行相关实验对离心压气机进行研究，得到其叶轮出口处的流动并非稳态定常流动，而是一种非稳态且出口速度不相同的非定常流动。1975 年，学者 Denton[10] 利用时间推进的方法对离心压气机进行了全三维流场数值模拟，此后，又对 Navier-Stokes 方程进行了求解，标志着叶轮机械的计算流体力学进入了全三维定常设计阶段。

目前，传统的压气机结构已经不能很好地满足所需，通常采用分流叶片的形式，并且扩压器的设计也越来越引起学者们的注意。Miyamto[11] 等人对带有分流叶片的离心压气机叶轮进行研究，发现分流叶片可以改善流场，并且提高效率。Han[11] 设计出改进的扩压器，改善了扩压器的内部流动，抑制了吸力面的流动分离和尾迹强度。

1.2.1.2 轴流压气机

随着科学技术和现代工业的发展进步，对轴流压气机的性能要求不断提升，更高的增压比、效率、可靠性以及低维护成本成为高性能压气机的发展趋势。

1853 年，Tournaire[12] 第一次提出多级轴流压气机的概念，1884 年进行了第一次轴流压气机实验。1904 年，Charles Parsons[13] 研制了真正意义上的轴流压气机。21 世纪初，MTU 公司成功研制 6 级高压压气机，被称为 PW6000 发动机。近年来，一些新的气动设计概念逐步应用于压气机设计，1998 年麻省理工学院（MIT）Kerrebrock[13] 提出的 3 级吸附式压气机方案的压比达到了 27；2000 年，北京航空航天大学的陈懋章院士做出了用 2 级大小叶片压气机实现压比达 6 的方案。

1.2.2 燃烧室

燃气轮机的燃烧室作为连接涡轮与压气机的中间部件，负责将燃料中的化学能释放出来并且高效地转化为热能并以此做功。燃气轮机的燃烧室主要包括外壳、扩压器、火焰管和点火器等，对于燃气轮机燃烧室的研究内容主要围绕其各个组成部分以及结构展开，同时以燃气轮机燃烧室的主要参数为指标进行研究。

对于燃气轮燃烧室的研究，主要经历了理论研究阶段、大量实验研究阶段、仿真与实验相结合的研究阶段。对于燃气轮机燃烧室的研究方向，主要包括燃烧室结构方面、燃烧室的冷却方面、扩压器气动方面，以及火焰筒方面等。

对于燃气轮机燃烧室的研究方式主要采用数值模拟的计算分析方式，通过数值计算对结构和性能进行研究。

1982 年 R.K.Agrawal 和 M.Yunis[14] 将数值仿真计算与对燃烧室的研

究相结合，提出了对燃机系统中燃烧室特性进行仿真计算，通过实验进行验证并与分析得到的理论进行验证，得出在变比热的计算中燃烧室的效率特性用基于油气比修正的方法可以描述出变化规律，这是在燃气轮机燃烧室中一个较早的应用。V.E.Tangirala、R.Dudebout、H.C.Mogia 等人[15]运用不同的计算方法和数值模拟方式对不同结构的燃气轮机燃烧室进行了详细的研究，获得的结果为后续燃烧室的设计提供了宝贵的依据。

2003 年，徐志梅等人[16]，从质量守恒和能量守恒的思路出发对燃烧室进行了容积建模，将其转化成数学模型，并通过验证得到该模型对于燃烧室计算效果具有普遍较好的应用性。

2006 年，中国科学院工程的徐纲等人[17]，采用等容积流率模化准则，通过实验验证了不改变燃烧室结构的情况下，减少空气总压和流量，燃烧效率、总压损失等燃烧室特性部分都能够满足设计要求，而且燃烧室的 NO_x 排放大大降低，火焰的稳定性得到明显改善。

近年来对于燃烧室的设计逐渐深入，一些新型的燃烧室在满足排放标准的同时减少了污染排放，如 TAPS 燃烧室、RQL 低污染燃烧室、LPP 燃烧室、TVC 等。针对高温升燃烧室，如何解决燃烧的稳定性以及火焰筒的冷却并且降低出口温度分布系数是关键所在。同时燃烧室的冷却也极其重要，目前主要的四种先进冷却方式分别为多斜孔冷却方式、冲击 / 多斜孔冷却方式、层板冷却方式和冲击 / 气膜冷却方式。

1.2.3 涡轮

1.2.3.1 向心涡轮

1813 年，世界上最早的向心水力涡轮问世，1939 年德国人 Hansvon Ohain[18] 成功设计了世界上第一台喷气发动机，所使用的涡轮就是向心涡轮。

近年来，微型涡轮喷气发动机在航空技术发达的国家得到了高度重视。麻省理工学院进行了基于 MEMS 技术的 10gf（1gf=0.009 8N）推力的微型涡轮发动机的研究，采用的向心涡轮是纯径向的向心涡轮，涡轮的转速为 1 200 000r/min，涡轮轮缘切线速度达到 450m/s[19]。涡轮材料采用的是耐高温的氮化硅陶瓷。美国斯坦福大学的快速成型实验室和亚利桑那州的 M-DOT Aerospace 公司合作研制用氮化硅作涡轮材料的微型涡轮发动机。发动机外径约 50mm，推力大约 500gf[20]。涡轮转子为半开式转子，2000 年的转动测试中涡轮的转速达到了 456 000r/min。此外还有英国、日本和韩国等国的许多大学和研究机构也在进行这类微型涡轮的研究。

1.2.3.2 轴流涡轮

随着燃机方向的不断研究和发展，对燃气轮机的涡轮需求也越来越高。其中轴流涡轮作为主要的部件之一，提高其膨胀比以及效率极其重要，因此对新型先进的轴流涡轮进行设计十分重要，由于涡轮的内部流动极其复杂，所以对涡轮设计的研究具有一定挑战。

对于燃气轮机所使用的单机跨声速涡轮，早期的研究机构如 NASA 等针对单级跨声速涡轮进行了气动设计，随后高效节能发动机（E3）计划的实施，使单级轴流涡轮的膨胀比获得了突破，研发了单级膨胀比为 4.0 的高负荷涡轮气动设计技术。

21 世纪后期，NASA、美国通用电气公司（General Electric Company，GE）等联合推出了“高负荷涡轮研究计划”，目的在于进一步提高轴流涡轮的单级膨胀比达到 5.5，将级负荷提高 33%，将级效率提高 2%。在该研究阶段，涌现出了大量新技术，如低维设计参数优化、三维叶片设计、子午流道控制等精细手段以及把气动设计的突破口放在激波弱化之上。

为提升涡轮效率，对轴流涡轮的研究渐渐更多地关注于高膨胀比涡轮中的复杂流动现象及流动机理。在研究的最初阶段，是从跨声速涡轮叶栅激波流动现象及其气动损失特性开始的。

Wolf 等人[21]和向欢等人[22]通过数值计算的方式并与纹影试验相结合指出：跨声速涡轮叶栅尾缘流场结构十分复杂，并且有激波、反射波甚至激波附面层相互干扰等复杂流动现象。

Gao 等人[23，24]和张红莲等人[25]的叶栅试验测试证实了，在大膨胀比涡轮中，叶栅损失的主要部分是叶型损失，而叶型损失主要是由尾缘激波损失构成的。目前对于跨声速叶栅的变冲角工况损失特性仅仅进行了初步试验研究，限于试验条件，有关跨声速涡轮叶栅变工况下精细流动结构及其气动特性方面的研究甚少。

基于目前的研究形式，未来研究的主要方向有：宽工况范围工作的大膨胀比涡轮叶型流动机理及低损失设计方法的研究、多工况条件下大膨胀比涡轮级内三维激波系与涡轮端区二次流 / 跨声速间隙泄漏流之间的三维干涉机理及端区损失控制方法的研究、通过大膨胀比轴流涡轮气动技术基础研究获得宽工况涡轮内部流动损失的调控方法，并把涡轮气动设计参数与其内部复杂流动相关联，进而探求能显著改善船用大膨胀比涡轮全工况气动性能的设计策略和方案。

1.3 燃气轮机发展概况

1.3.1 美国燃气轮机发展概况

美国船用燃气轮机虽然起步相对较晚，但由于美国航空工业发达，始终走航机舰改之路，如今美国的燃气轮机处于世界先进水平。

20 年代 60 年代中后期，LM1500（11 000kW）和 FT4（15 000kW）等机型相继研制成功，美国开始重视燃气轮机用于中型水面舰艇的问题。

1975 年，LM2500 型舰用燃气轮机投入使用。LM2500 系列燃气轮机由 TF-39 航空涡轮风扇发动机改装而成，刚问世时功率仅约 16 540kW，效率约 36%，但是该机型一直在 LM2500 的基础上进一步提高，通过改进高压涡轮的冷却、更换热端部件材料、提高材料性能等手段，经过 40 多年的发展，从 LM2500 到 LM2500+ 再到 LM2500+G4，功率提高到约 35 000kW，效率约 39%。如今，LM2500 系列燃气轮机已广泛应用于发电、石油开采、军用舰艇的动力装置等，已成为目前应用最广泛、产量最大的燃气轮机。

美国 GE 公司在 21 世纪推出的最新产品是 H 型燃气轮机，有 3 600r/min 的 MS7001H 和 3 000r/min 的 MS9001H 两种型号。H 系统的热效率达到了 60%，可以用于基本负荷的发电机，也能配置为联合循环模式。

1.3.2 英国燃气轮机发展概况

英国是舰用燃气轮机最先进的国家，也是燃气轮机发展历史最悠久的国家。从最早的 G6、奥林普斯、海神等燃气轮机，到之后输出功率高达 25.2MW 的 WR21 燃气轮机，都是当时最先进的燃气轮机。截至 2021 年，英国著名的罗尔斯－罗伊斯（简称罗罗）公司制造的 MT30 燃气轮机是世界最大功率的燃气轮机，MT30 燃气轮机的额定功率为 36MW，最大功率达到了 40MW。英国罗罗公司以效率 37%、最大功率 18 270kW 的船用斯贝 SM1C 为基础研制出了 SM1C-ICR 机型，其最大功率提高了 20%，达到 22 300kW，同时热效率提高到 41.43%。

1.3.3 俄罗斯燃气轮机发展概况

俄罗斯土星科研生产联合体股份公司从 20 世纪 90 年代开始开展了航改地面燃气轮机业务，开发的产品有在航空发动机 AJI–31 基础上研制的 AJI–31CT，AJI–31 CTЭ ，与俄罗斯统一电力公司及乌克兰曙光设计科研生产联合体合作，研制和生产功率为 110MW 的 ГТД–110 燃气轮机，该燃气轮机的参数与国外同类燃气轮机相比，外形尺寸小，是俄罗斯具有竞争力的出口能源装置。基本负荷下燃机寿命为 100 000h，热端部件的寿命不低于 25 000h。俄罗斯的雷宾斯克发动机股份公司生产了 Д–30 系列涡扇发动机及其改型；研发涡桨发动机 TBД–1500 和涡轴发动机 PД–600B；开发了功率为 2.5~110MW 的热电联供地面燃气轮机，功率为 4~25MW 的天然气输送增压装置，舰船使用的燃气轮机等。彼尔姆航空发动机股份公司与俄罗斯多家航发研究院联合积极研制推力为 7~20tf（$1tf=9.8\times10^3N$）的新一代民用发动机 ПС–12，其为基准型，起飞推力为 11 800kgf（1kgf=9.8N）。其首先用于俄罗斯 21 世纪的客机 MC–21 和运输机伊尔–214，以及波音 737 的最新改型，近 5 年，彼尔姆航空发动机股份公司正在积极研制用于高空飞机 M–55 和苏霍伊设计局第五代歼击机苏–37 的发动机，以及燃气轮机发电站“乌拉尔”–2500、地面燃气轮机 ГТУ–10П 等。此外，20 世纪 90 年代以后，萨马拉库兹涅佐夫科技综合体股份公司在 HK–14Э 和 HK–37 的基础上设计和生产了用于可移动发电站的工业燃气轮机。

1.3.4 中国燃气轮机发展概况

我国燃气轮机研发起步较晚，在轻型燃气轮机研发方面，中国首先从燃料调整开始，将航空发动机改为燃用柴油或天然气等燃料，并将其用于油田发电、管道石油及天然气的输送、油田注水或海军舰艇动力等领域，同时也对航空发动机改烧中低热值的气体燃料、重油、煤粉、水煤浆等进行了广泛的试验研究，随之展开了热电联供、蒸汽回注、煤气化技术以及各种联合循环的研究与应用，逐步发展出适应各领域需要的不同型号的航改燃气轮机。2008 年，中国航发某工厂在国家“863”项目的资助下开始车用燃气轮机技术的研究，引进并消化吸收国外某型号地面燃气轮机，研发的燃气轮机安装在坦克上进行试验研究，使原车机动性能得到全面提升，实现了全部国产化，其性能已达到了原装机的水平，国内燃气轮机核心机的研制能力取得质的突破。目前，国产涡轴发动机型号很多，都具备车用改造的核心机条件和变形能力，功率等级为 500 ~ 3 000kW，质量最大的不超过 1 500kg，体积也非常小，具有明显的技术优势[26]。

我国重型燃气轮机产业制造方面，分别以哈电集团、上电集团、东方电气集团、南京汽轮电机（集团）有限公司为核心，形成了相应的燃气轮机制造产业群，已经实现了大功率重型燃气轮机的整机生产流程，对于国民经济的提高具有划时代的意义。截至 2021 年全行业具备了年产 40 套左右燃用天然气的 F 和 E 级重型燃气轮机以及与之配套的燃气 – 蒸汽联合循环全套发电设备的能力，可以基本满足我国电力工业的市场需求[27]。

1.4 典型型号船用燃气轮机

1.4.1 LM2500 燃气轮机

LM2500 系列燃气轮机有 LM2500、LM2500+、LM2500+4G 三个型号。其中，LM2500 燃气轮机是基于 TF39 涡轮风扇发动机发展而来的[28]。

LM2500燃气轮机为双转子结构，由单转子的燃气发生器和自由动力涡轮组成。其中，燃气发生器由16级的轴流式压气机、含30个燃油喷嘴及2个点火装置的环形燃烧室、2级的轴流式涡轮组成，自由动力涡轮为6级，变工况性能良好。初期，LM2500燃气轮机的输出功率为20.23MW，效率为35.5%。为满足对燃气轮机高性能、高稳定性的需求，LM2500燃气轮机不断优化改进，产生了LM2500+燃气轮机。LM2500+燃气轮机是在原有的压气机前增加整体叶盘式的0级压气机，并重新设计了压气机叶片，从而增加了压气机的使用寿命并提高了压气机的喘振裕度，同时，压气机的空气进气量增加了23%，效率提高了0.5%，动力涡轮增加了喉部面积以满足更高进气和效率的需要[29]。LM2500+型燃气轮机功率提升至29.79MW，效率提升至37.8%。对LM2500+进一步优化设计，得到的LM2500+G4燃气轮机的功率和效率进一步提升，功率提升至33.65MW，效率提升至38.1%。

1.4.2 MT30燃气轮机

MT30燃气轮机是基于Trent800航空发动机设计而成的三转子发动机。MT30燃气轮机包含燃气发生器、燃烧室和动力涡轮。其中，燃气发生器的低压转子由8级的低压压气机和1级的轴流低压涡轮构成；高压转子由6级的高压压气机和1级的轴流高压涡轮构成；动力涡轮转子为4级的轴流动力涡轮。MT30燃气轮机的额定功率可达35.48MW，热效率可达40%[30]。

1.4.3 WR-21燃气轮机

WR-21舰船燃气轮机是美国、英国和法国合资研制的新型大功率先进循环燃气轮机。该燃气轮机带有中间冷却器和回热器，与简单循环相比（如 LM2500），不仅输出功率增加，额定功率下的耗油率降低，而且还具有低噪声及低的排气红外等明显技术优势，使采用该动力装置的舰船年燃油消耗量与美国海军现役的燃气轮机推进动力水面舰船相比降低约 30%[31]。

WR–21 燃气轮机的设计具有高度继承与积极创新的明显特点。WR–21 燃气轮机是以罗罗公司的 RB211 和 TRENT 系列民用航空发动机为基础衍生研制而来，具有高度的继承性。WR–21 燃气轮机的中压压气机、高压压气机、燃烧室、高压涡轮、中压涡轮、动力涡轮和起动机以 RB211 和 TRENT 发动机相应部件为基础，只是为了适用于舰船使用环境和间冷回热循环的特殊要求进行了一些改进 [32]。

同时，WR–21 引入了中间冷却器和回热器。引入中间冷却器，可以大大降低驱动高压压气机所需的功率输入（提高发动机的单位功率）；可以采用较小的核心机，或在核心机大小一定的情况下，能够获得较大的推力；在所有推力下，都能适当地提高性能；燃烧室进口温度较低，易于设计热端部件，且能够降低 NO_x 的排放量。为此，WR–21 燃气轮机在中压压气机和高压压气机之间引入间冷器，以冷却进入高压压气机的空气 [33]。

引入回热器，可以明显降低最优总压比，而且简化了叶片机的设计，并可以使用冷却空气作为冷却介质；可以提高部分推力状态的性能，特别是在涡轮采用可调面积导向器的情况下；可以大大提高总压比有限的小发动机的性能；在一定的推力下，可以减小涡扇发动机的涵道比，减少低压涡轮所需的级数；可以降低低压涡轮的噪声。为此，WR–21 燃气轮机引入回热器，用于从燃气轮机排气中回收废热，加热进入燃烧室之前的高压压气机排气。

1.4.4 25MW 型燃气轮机

25MW 型船用燃气轮机有乌克兰曙光机械设计科研生产联合体最新的 GTE-80 系列燃气轮机。其是在苏联第三代船用燃气轮机 GT15000 型的基础上发展起来的，发动机功率由 15 000kW 提高到 25 000kW。主要通过在低压压气机前增加一个超音速、宽叶型的零级，以加大压气机空气质量流量、提高压比，同时提高涡轮进口燃气初温，达到增大功率的目的[34]。

25MW 型燃气轮机的燃油消耗率、空气流量相对较高，而发动机效率相对较低。同样带箱装体情况下，其机组尺寸、质量均大于其他型号燃气轮机。这说明 25MW 型燃气轮机与其他型机在主要性能上还有差距，尤其是在外形尺寸及空气流量上的增加，对于舰船总体设计将增加较大的难度。25MW 型燃气轮机的最大优点是启动性能好。该型机采用电动启动，启动系统附件少，故障率低于采用压缩空气启动的 LM2500 型燃气轮机。

1.4.5 7MW 型燃气轮机

7MW 型燃气轮机是以航空发动机核心机为基础，由沈阳发动机设计研究所设计，沈阳黎明航空发动机（集团）有限责任公司和西安航空发动机（集团）有限责任公司联合制造的 7MW 级燃气轮机，为轴流式、双轴、前输出结构。该型燃气轮机是在原型机的基础上重新设计了空气系统，提高了燃机输出功率，重新进行了燃机进排气段设计，并对相关部件进行了防腐设计，具有技术成熟、体积小、质量轻、加速性好等优点。

7MW 型燃气轮机在研制过程中突破了以下几种关键技术：在原航空发动机基础上，完成了地面燃气轮机的整机寻优匹配和部件优化设计；采用刷式封严技术，提高了燃气轮机低状态的封严效果，改善了整机性能；新研了电启动和液压启动两种装置，可满足不同用户的使用需求；突破了航改燃气轮机双燃料燃烧室设计、气 / 液双燃料切换和混烧技术；突破了将双轴燃气轮机用于应急电源改进设计和整机调试的技术[35]。

2 技术分解与专利检索情况

2.1 技术分解

围绕燃气轮机及各关键技术的国外发展历程与现状和国内发展需求，通过对哈尔滨工程大学、中国船舶重工第七〇三所等单位的调研，经过研究、拆解、审核与修改，最终确定了《燃气轮机关键技术谱系》（如表 2–1 所示），作为后续开展专利检索、筛选与专利分析研究的基础。

在拆解过程中，对燃气轮机关键技术分解至二级分类，对重点分析的涡轮技术领域进一步细分至三级分类。

表 2–1　燃气轮机关键技术谱系

一级分类	二级分类	三级分类
燃气轮机	总体结构	—
	压气机	—
	燃烧室	—
	涡轮	总体结构
		涡轮静叶
		涡轮动叶

续表

一级分类	二级分类	三级分类
		涡轮盘
		涡轮轴
		涡轮机匣
		封严结构
		二次空气系统
		冷却结构
	控制结构	—

2.2 专利文献来源

项目根据拆解形成的技术谱系，在国内外公开专利数据库开展全球专利数据的检索。

检索数据库包括：德温特专利数据库以及 incoPat 专利数据库。

补检数据库包括：中外官方专利数据库（包括中国专利数据库、美国专利商标局、日本特许厅专利数据库、欧洲专利库、世界知识产权组织专利数据库等）。

检索范围：全球专利。

检索截止日期：如无特别说明，本书专利数据截止时间为 2020 年 10 月 31 日。

2.3 专利检索过程

2.3.1 专利检索方法

本项目首先采用关键词与分类号相结合的方式进行检索，根据各技术分支的具体情况不同，或先用关键词进行检索，再用分类号进行筛选；或先用分类号进行限定，再用关键词进行检索。第一种情况下，先针对初检数据进行分类号统计，针对集中度较高的分类号进行针对性研究，看是否符合该技术主题，然后进行筛选或删除。第二种情况下，首先在分类表中找出符合该技术主题的分类号，在确定的范围进行专利检索。

在选取关键词时，通过阅读专利和非专利文献，列出尽可能多的表达方式。同时，也征求行业专家的意见，了解一些通俗常用的表达方式，力求得到全面的检索结果。

2.3.2 检索式

（1）TIAB=（（（燃气轮机 OR 燃机） AND 涡轮静叶） OR （"gas turbine" AND "turbine vane"））

（2）TIAB=（（（燃气轮机 OR 燃机） AND 涡轮动叶） OR （"gas turbine" AND "turbine blades"））

（3）TIAB=（（（燃气轮机 OR 燃机） AND 涡轮盘） OR （"gas turbine" AND "turbine disc"））

（4）TIAB=（（（燃气轮机 OR 燃机） AND 涡轮轴） OR （"gas turbine" AND "turbine shaft"））

（5）TIAB=（（（燃气轮机 OR 燃机）AND 涡轮 AND 机匣）OR（"gas turbine" AND "turbine casing"））

（6）TIAB=（（（燃气轮机 OR 燃机） AND 涡轮 AND 封严结构） OR （"gas turbine" AND "sealed structure"））

（7）TIAB=（（（燃气轮机 OR 燃机）AND 涡轮 AND 二次空气系统） OR （"gas turbine" AND "secondary air system"））

（8）TIAB=（（（燃气轮机 OR 燃机） AND 涡轮 AND 冷却结构） OR （"gas turbine" AND "cooling structure"））

（9）TIAB=（（燃气轮机 OR 燃机） AND （压气机 OR 压气机动叶 OR 压气机静叶 OR 压气机扩压器 OR 压气机轮盘 OR 压气机机匣 OR 压气机轴 OR 防冰装置 OR 防喘装置 OR 封气装置 ）） OR TIAB=（"gas turbine" AND （"compressor" OR "compressor power blade" OR "compressor stator blade" OR "compressor diffuser" OR "compressor wheel" OR "compressor casing" OR "compressor shaft" OR "anti-icer" OR "surge-preventing device" OR "sealing device"））

（10）TIAB=（（燃气轮机 OR 燃机） AND （燃烧室 OR 燃烧室扩压器 OR 燃烧室内壳体 OR 燃烧室外壳体 OR 火焰筒筒体 OR 燃料喷嘴 OR 点火器 OR 涡流器 OR 燃气导管）） OR TIAB=（"gas turbine" AND （ "combustor" OR "combustion chamber diffuser" OR"combustion chamber shell"OR"combustion exterior shell"OR"burner inner liner"OR"fuel injection nozzle"OR"lgniter"OR"swirler"OR"gas pipe"））

（11）TIAB=（（燃气轮机 OR 燃机）AND（控制系统 OR 启动控制 OR 转速控制 OR 加速控制 OR 温度控制 OR 减速控制 OR 停机控制 OR 压气机排气压力控制 OR 输出功率控制 OR 燃料控制））OR TIAB=（"gas turbine"AND（"control system"OR"start control"OR"speed control"OR "acceleration control"OR"temperature control"OR"decelerate control"OR"stop control"OR"compressor exhaust pressure control"OR"output power control"OR"fuel control"））

（12）TIAB=（（燃气轮机 OR 燃机））OR TIAB=（"gas turbine"）

2.3.3 数据质量评价

1. 查全率验证

数据查全验证，以各技术分支的主要申请人、发明人为入口，结合常见关键词检索和人工阅读，确定查全样本，并与由同样申请人或发明人确定的专利专题库中的数据比较，确定查全率。查全样本的选取符合常规的方法和规模要求。

对于选择的该申请人，需要注意：① a. 该申请人是否有多个名称；b. 该申请人是否兼并收购或者被兼并收购；c. 该申请人是否有子公司或者分公司。②在检索结果数据库中以申请人为入口检索其申请文献量，形成子样本。③查全率 = 子样本 / 母样本 ×100%。

2. 查准率验证

数据查准验证，直接采用初检专利数据量与标引后专利数据量，分别计算各技术分支的中文专利查准率和外文专利查准率。查准样本的选取符合常规的方法和规模要求。初检的专利数据为母样本，标引后的专利数据为子样本。查准率 = 子样本 / 母样本 ×100%。

2.3.4 数据处理

数据处理包括数据去噪、数据标引和申请人名称统一等方面。

1. 数据去噪

专利文献的检索过程主要是利用分类号和关键词，因此任何一个检索式都不可避免地会带来噪声。为了确保数据的客观准确，需要对数据进行去噪处理。本书主要采用人工阅读去噪的方式。

2. 数据标引

数据标引就是给经过数据清理和去噪的每一项专利申请赋予属性标签，以便于统计学上的分析研究。所述的“属性”可以是技术分解表中的类别，也可以是技术功效的类别，或者其他需要研究的项目的类别。当给每一项专利申请进行数据标引后，就可以方便地统计相应类别的专利申请量或者其他需要统计的分析项目。因此，数据标引在专利分析工作中具有很重要的地位。

3. 申请人名称约定

由于翻译或者存在子母公司等因素，在申请人的表述上存在一定的差异，因此对主要申请人名称进行统一，便于本书的规范。

2.3.5 检索结果

1. 总数据

见表 2–2。

表 2–2　检索总数据

一级分类	二级分类	初检专利量	最终专利量
燃气轮机	总体结构	6 754	8 462
	压气机	29 391	14 169
	燃烧室	24 368	13 586
	涡轮	16 882	13 543
	控制结构	8 063	6 874
合计			56 634

2. 船用涡轮技术

见表 2–3。

表 2–3　船用涡轮技术检索数据

三级分类	初检专利量	最终专利量
总体结构	848	919
涡轮静叶	674	297
涡轮动叶	3 885	1 570
涡轮盘	1 808	657
涡轮轴	434	127
涡轮机匣	681	305
封严结构	382	338
二次空气系统	36	24
冷却结构	1 147	1 176
合计		5 413

2.4 研究方法及相关约定

2.4.1 研究方法介绍

本书的专利分析工作以德温特专利数据库和 incoPat 专利数据库提供的专利文献数据为依托，结合科技论文等非专利文献，综合运用了定量和定性分析方法，研究燃气轮机的全球专利技术发展与竞争格局。

本项目首先从专利技术整体态势分析、全球及重要市场的专利布局、主要申请人等维度，宏观分析了燃气轮机专利技术的整体发展；然后，围绕船用涡轮技术领域，开展了专利技术分析，从申请趋势、专利技术流向、竞争态势、主要创新主体、技术功效、技术路线、核心专利解读以及侵权预警等分析维度，梳理了船用涡轮技术领域的专利技术发展路线与未来发展方向，确定了主要研究力量，挖掘了先进技术方案。

2.4.2 相关事项和约定

此处，对本书上下文中出现的以下术语或现象一并给出解释。

同族专利：同一项发明创造在多个国家申请专利而产生的一组内容相同或基本相同的专利文献出版物，称为一个专利族或同族专利。从技术角度来看，属于同一专利族的多件专利申请可视为同一项技术。在本书中，针对技术功效与技术手段进行分析时，对同族专利进行了合并统计；进行其他分析时，各件专利进行了单独统计。

关于专利申请量统计中的“项”和“件”的说明：

项：同一项发明可能在多个国家或地区提出专利申请。在进行专利申请数量统计时，对于数据库中以一族（这里的“族”指的是同族专利中的“族”）数据的形式出现的一系列专利文献，计算为“1 项”。一般情况下，专利申请的项数对应于技术的数目。

件：在进行专利申请数量统计时，例如为了分析申请人在不同国家、地区或组织所提出的专利申请的分布情况，将同族专利申请分开进行统计，所得到的结果对应于申请的件数。1 项专利申请可能对应于 1 件或多件专利申请。

近两年专利文献数据不完整导致申请量下降的原因：在本次专利分析所采集的数据中，由于下列多种原因导致 2018 年后提出的专利申请的统计数量比实际的申请量要少：PCT 专利申请可能自申请日起 30 个月甚至更长时间之后才进入国家阶段，从而导致与之相对应的国家公布时间更晚；中国发明专利申请通常自申请日起 18 个月（要求提前公布的申请除外）才能公布。

专利公开国家：本书中，全球专利布局及各市场分析，是针对专利公开国家进行分析，以专利申请并公开的国家或地区确定。

专利技术来源国：本书中，专利技术来源国，是针对专利技术产生的国家进行分析，以专利申请人的国别进行确定。

有效：在本书中，“有效”专利是指到检索截止日为止，专利权处于有效状态的专利申请。

3 燃气轮机总体态势分析

3.1 全球专利趋势分析

如图 3–1 所示，全球燃气轮机的专利申请起始于 1922 年，1922—1955 年，专利申请数量都很少，每年总共没有超过 100 件。1955—1990 年，专利申请数量有了一定的增长，但专利申请数量基本都在 500 件以下。1991 年开始，专利申请量有了大幅增长，进入 21 世纪以来增长速度尤为明显，每年的申请数量达到 1 000 件以上，2013 年达到顶峰 2 931 件。进入 21 世纪，和平与发展成为时代的主题，第四次科技革命悄然兴起，科学技术取得飞速进步，人们对知识产权的保护意识越来越强，专利的申请量呈现井喷式的增长。

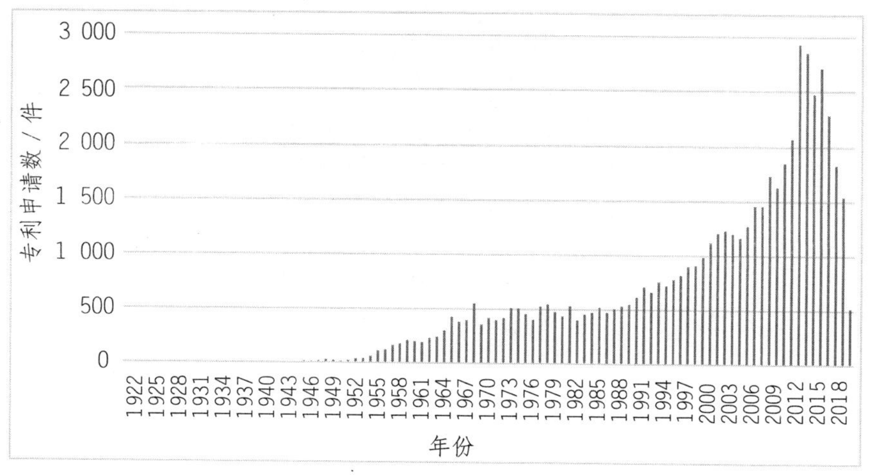

图 3–1 全球燃气轮机专利申请趋势

3.2 全球专利技术构成分析

燃气轮机领域的专利技术主要可以分为压气机、燃烧室、涡轮、总体结构、控制系统五个分支（见图 3-2）。

压气机作为燃气轮机中的重要组成部分，它是利用高速旋转的叶片对空气做功以提高空气压力的部件，对于燃气轮机性能的提高有重要的作用。压气机的专利申请量达到了 14 169 项，占比 25%。

燃烧室是一种用耐高温合金材料制作的燃烧设备，是燃气轮机中必不可少的部件之一，它的工作情况会影响整台燃气轮机的性能。燃烧室的专利申请量也有 13 586 项，占比 24%。

目前，限制燃气轮机使用效率提升的核心技术难题，主要是燃气轮机的热端部件高温防护问题，而涡轮需要保证在高温高压的极端环境下稳定长时间工作。涡轮的专利申请量达到了 13 543 项，占比 24%。总体结构、控制系统的专利申请量分别为 8 462 项、6 874 项，占比分别为 15%、12%。

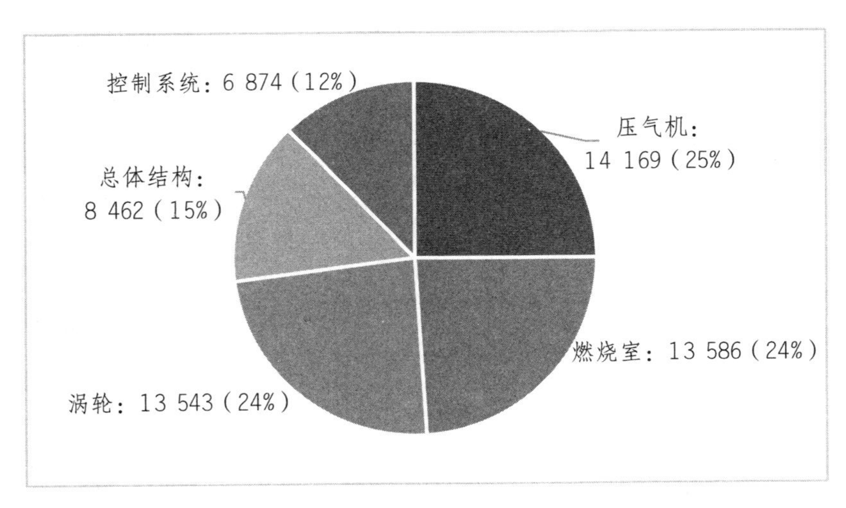

图 3-2　全球燃气轮机技术构成

从图 3–3 可以看出，各技术分支在 1991 年之后进入快速增长期，在 2013 年左右有一个拐点，这与当年全球经济形势普遍较差有关系。纵观这近一百年，关于燃烧室和涡轮的申请一直较多，但是压气机在 1958—1973 年间的申请量是最多的，这可能与当时的历史背景有关，总体结构和控制系统，尤其是控制系统的申请量则一直相对较少。

从图 3–4 可以看出，在 2001—2020 年间，前十年各个技术的申请量发展较为平稳，之后几年迅速发展，在 2013 年左右达到拐点，燃烧室是 21 世纪发展最快的部分，在 2015 年之后，申请量迅速下降，2018 年的申请数量甚至不如 2000 年。

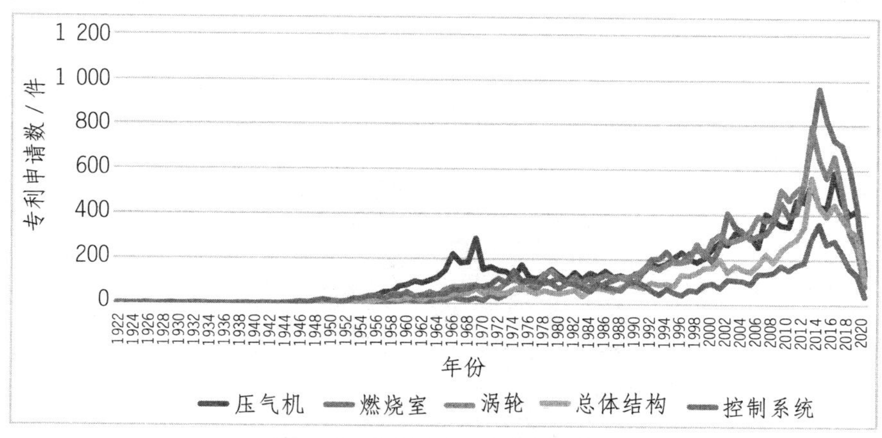

图 3–3　各技术分支总体申请趋势

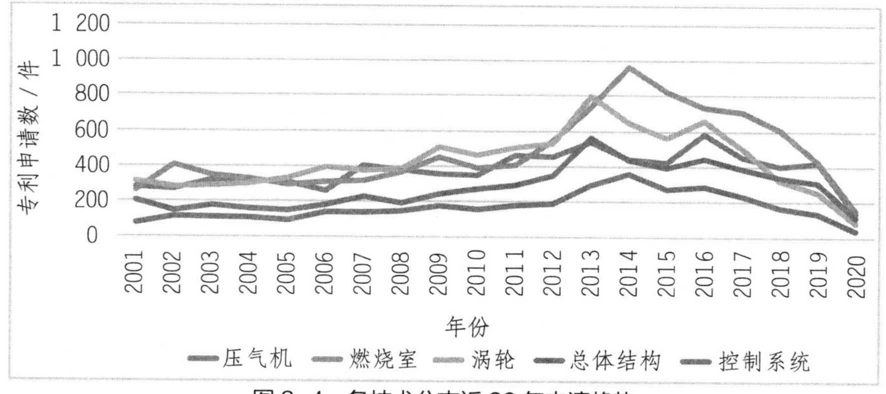

图 3–4　各技术分支近 20 年申请趋势

3.3 全球专利申请地域分析

从图 3-5 可以看出，就主要分布地区来看，排名第一的是美国，其专利申请总量（12 201 件）占全部总量的 21%；排名第二的是日本，其专利申请总量（9 023 件）占全部总量的 16%；第三名是欧洲专利局，其专利申请总量（6 119 件）占全部总量的 11%。由此可见，美国是全球最重要的市场。当然，美国申请量的占比大，不仅仅是因为美国市场的巨大，更加反映了美国本土企业在研发方面的热情。而欧洲和日本，作为老牌的技术研发地区和强国，依然具有巨大的优势。除此以外，专利的集中度很高、申请总量占比靠前的十一个国家的总申请量（51 702 件）占据了全球总申请量的 91.29%。

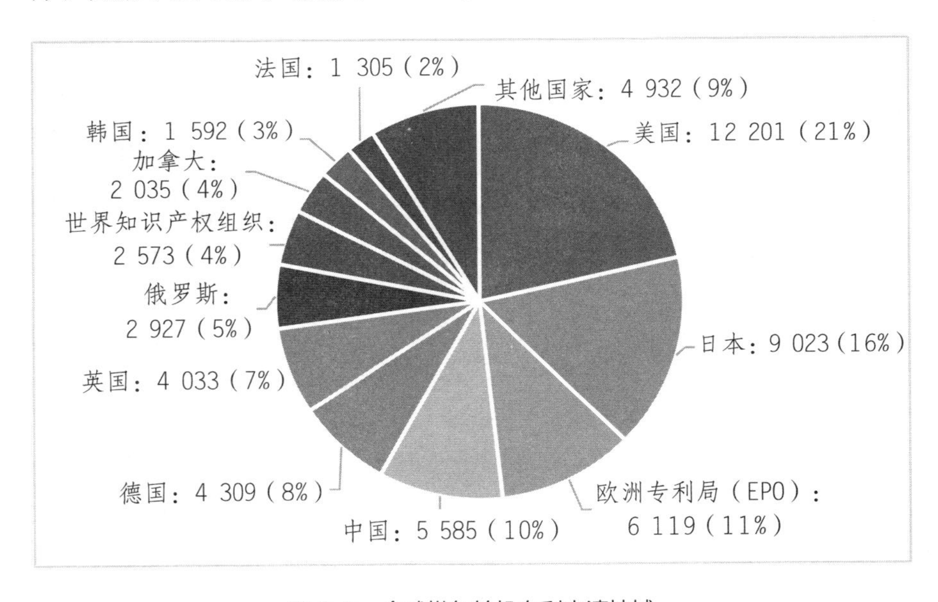

图 3-5　全球燃气轮机专利申请地域

3.3.1 重点六国申请趋势

燃气轮机专利重点申请人主要来自美国、欧专局、日本、英国、德国和中国等。如图 3–6 所示，英国从 20 世纪 20 年代就开始申请燃气轮机专利，日本、欧专局起步较晚，都是在 20 世纪六七十年代才开始申请燃气轮机专利，中国最晚，在 1985 年才开始专利申请（这取决于中国专利制度产生的时间）。美国拥有较为完备的工业体系和在燃气轮机领域中很雄厚的技术储备，美国居于世界前列的综合国力对燃气轮机领域的发展有着相当大的影响，美国的燃气轮机专利申请量一直保持在世界前列。而英国虽然在第一次工业革命中抢占了先机，但是从专利申请量来看，之后的发展后劲不足，专利申请量增长缓慢。中国虽然发展较晚，但是后劲十足。从全球范围来看，燃气轮机的应用与发展需求日益增多，影响着世界各国的军事与工业战略布局，所展现出的卓越的性能，使得国内外对相关技术的发展动向给予了较高的重视。

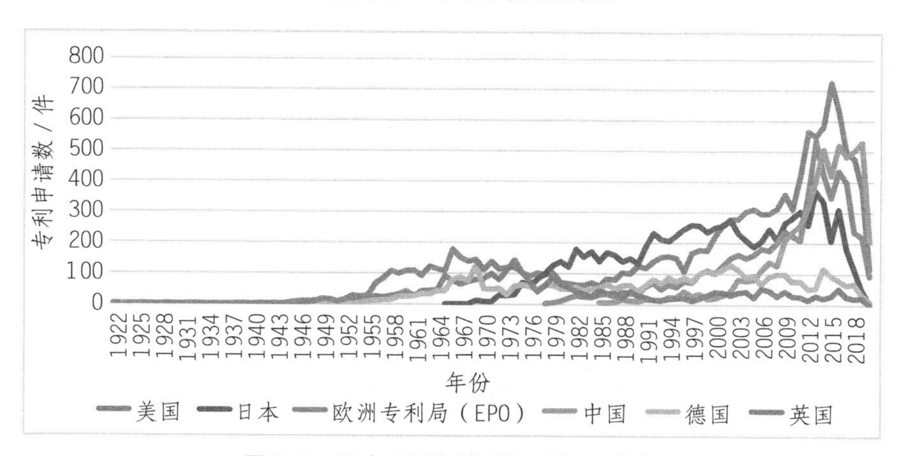

图 3–6　重点六国燃气轮机专利申请趋势

从 21 世纪初开始，在全球化趋势的影响下，各国的文化交流进一步加深，燃气轮机领域的发展焕发出了蓬勃的生机，世界各地的燃气轮机领域发展迅猛，相关专利的申请骤增，燃气轮机的发展即将会迎来新的时代。

中国燃气轮机申请情况：

从图 3-7 中可以看出，中国的专利申请从 1985 年开始，在 21 世纪之前都处于缓慢发展的技术萌芽期，从 2003 年才进入快速发展期，专利申请量成倍提高。涡轮技术经历 10 多年的快速发展，在 2014 年出现了一个高峰。2015 年经李克强总理签批，国务院印发《中国制造 2025》，部署全面推进实施制造强国战略，这是我国实施制造强国战略第一个 10 年的行动纲领。围绕实现制造强国的战略目标，《中国制造 2025》明确了 9 项战略任务和重点。在这样的背景下，我国强国强军战略持续蓬勃发展，燃气轮机发展在近 5 年一直处于世界前列。

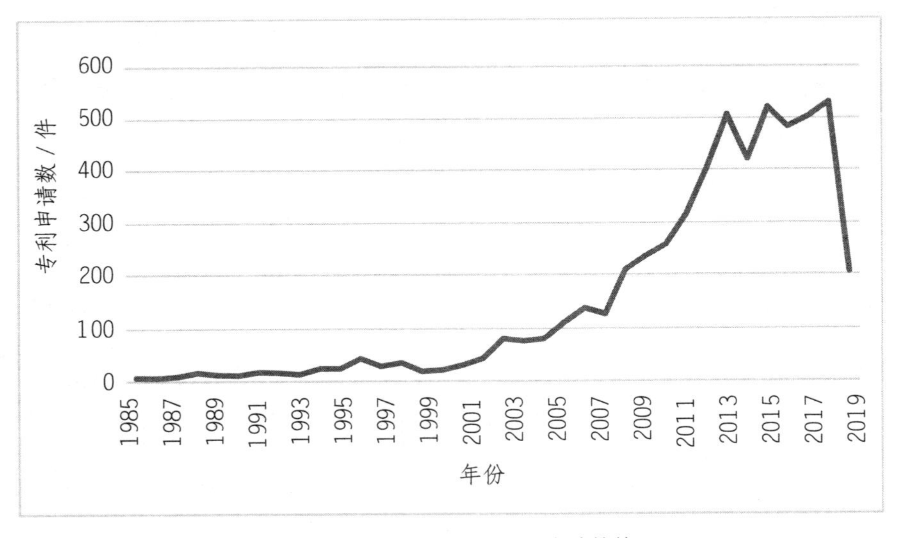

图 3-7　中国燃气轮机专利申请趋势

由图 3-8 可以看出，美国申请的燃气轮机相关专利中，关于燃烧室部分的专利数量占比是最多的，占比大小紧随其后的是涡轮、压气机、总体结构和控制系统。由于燃气轮机燃烧室中的燃烧情况对燃气轮机的整机效率有很大的影响，而燃烧室内部不同的结构会对燃烧效率等参数产生不同程度的影响，因此燃烧室相关的专利占比是最大的。另外，随着技术的发展，涡轮前温度不断提高，因此涡轮叶片需要采用相应的手段进行冷却，因此存在多种多样的冷却结构，故涡轮相关的专利数量是仅次于燃烧室的。

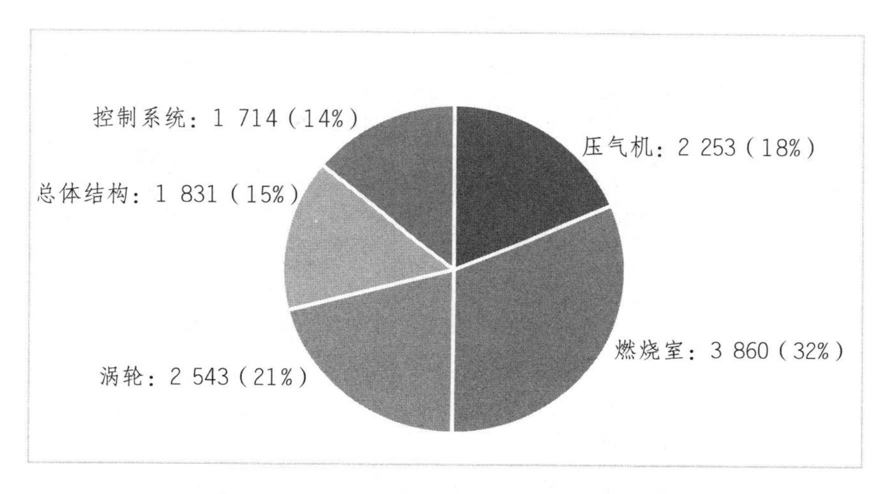

图 3-8　美国燃气轮机专利各技术分支的占比

图 3-9 为全球六个国家和地区的燃气轮机相关的专利申请分布图，其中燃气轮机相关专利申请包括压气机、燃烧室、涡轮、总体结构和控制系统几大方面。从总体上看，美国在各个方面申请相关专利数量是最多的，德国、中国、欧洲和日本的相关专利数量少于美国，但是各部分的专利数量基本上是一致的，反观英国，各部分的专利申请数量差异较大，尤其是燃烧室和总体结构的专利数量远少于压气机的专利数量，这是因为英国作为燃气轮机研究起步较早的国家，对于关键部件压气机的研究比较领先，因此相关的专利数量比较多，而后由于与美国和其他国家进行合作，采用了其他国家的相关技术，因此专利数量较少。

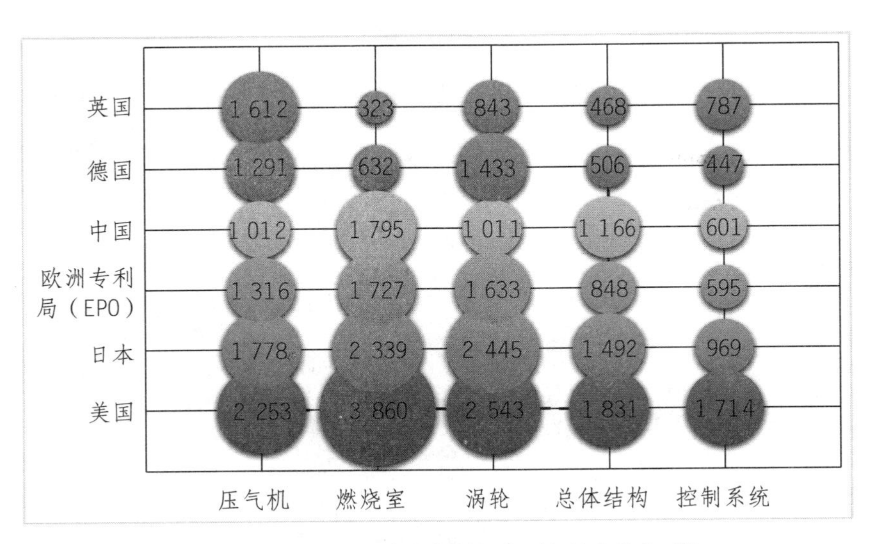

图 3-9　六国（地区）燃气轮机专利各技术分支对比

3.3.2 申请人国别分析

此次是从 78 个国家或地区进行专利数量统计，从专利申请数量分布上可以了解各个国家的技术实力。从图 3-10 中可以看出，美国、日本、英国、德国、中国、俄罗斯、瑞士、法国、加拿大、韩国是专利技术的主要来源国。美国在全球专利数量上遥遥领先，共计 22 445，占比 40%，占据一定优势，稳居第一位；其次是日本，共计 9 221，占比 16%，说明日本在专利申请上非常重视；排名第三位的是英国，共计 5 677，占比 10%；德国专利数量共计 5 223，占比 9%，位于第四位；中国后来居上，专利申请数量共计 2 986，占比 5%，在专利申请数量上已经赶超俄罗斯、瑞士、法国和加拿大等国家。

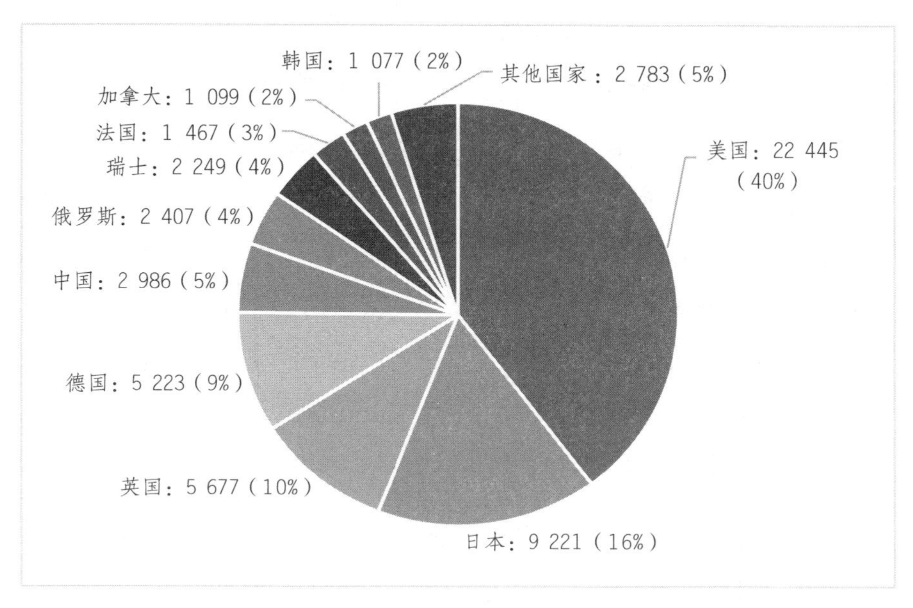

图 3-10 全球燃气轮机专利申请人国别

3.3.3 重点申请人国别申请趋势分析

如图 3-11 所示，重点申请人主要来自美国、日本、英国、德国、中国和俄罗斯等六个国家。英国是世界上第一个拥有燃气轮机技术专利的国家，1922 年就出现了第一个专利，之后除了 1926 年出现了一个专利申请，一直到 1941 年才正式进入燃气轮机技术的蓬勃发展期，专利申请数呈现逐年增长的趋势。这种增长趋势一直持续到 1969 年，峰值达到了 212 件。1970—2000 年这 30 年中，英国的燃气轮机专利申请数先缓慢下降后于最后五年稍有回升。进入 21 世纪，英国的燃气轮机技术得到了进一步发展，专利申请数重新进入到稳定上升期，2019 年出现峰值，共申请 233 件。德国是世界上第二个拥有燃气轮机技术专利的国家，1932 年和 1933 年内每年都有 1 个专利，而后于 1939 年又出现了 1 个专利。德国的燃气轮机技术于 1952 年开始真正兴起，此后至 1986 年虽然有些时间段内专利数量有所衰减，但总体呈现上升趋势，其中两个峰值出现在1973年和1986年，分别有88件和84件专利。1987—2000年这段时间的专利申请数量较上一时期有所下降，平均每年申请50件左右。21世纪后，德国燃气轮机专利申请数又恢复快速增长，于2014年达到峰值，共申请了362件。美国于1941年出现了第一个燃气轮机技术专利后，燃气轮机专利申请量总体上呈现稳步上升趋势，但1980—1990年和1994—2003年这两个时间段内出现了持续较久的低谷期。美国的燃气轮机技术的发展速度和水平都处于世界领先地位，年专利申请数于1969年超过英国，于1999年超过日本，2013年申请量更是达到了1 566件，遥遥领先于世界上其他国家。日本于1962年出现了第一个燃气轮机技术专利，此后年专利申请量稳步上升，于1979年突破100件，于1994年突破200件，于2001年突破300件，1998年内专利申请数量最多，为362件。俄罗斯于1967年出现了第一个燃气轮机技术专利，此后至1990年为俄罗斯燃气轮机技术的起步期，年专利申数均在10件以下。1990年以后俄罗斯专利申请数的增长速度明显加快，于2006年达到100件，但一直未超过200件，2013年内专利申请数最多，为158件。中国的燃气轮机技术起步最晚，于1985年才出现第一个专利，此后至2003年为中国燃气轮机技术的起步期，年专利申数均在10件以下。2003年以后中国燃气轮机专利申请数的增长速度明显加快，且增长速度明显快于俄罗斯，于2011年达到100件，于2014年达到200件，于2016年达到300件，2019年内专利申请数突破400件，达到430件。

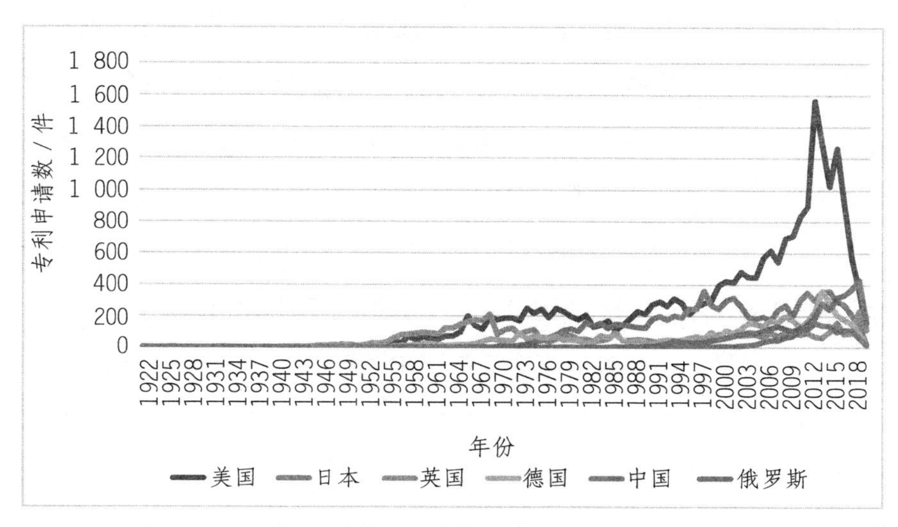

图 3-11　全球燃气轮机专利申请人国别申请趋势

中国申请人申请趋势：

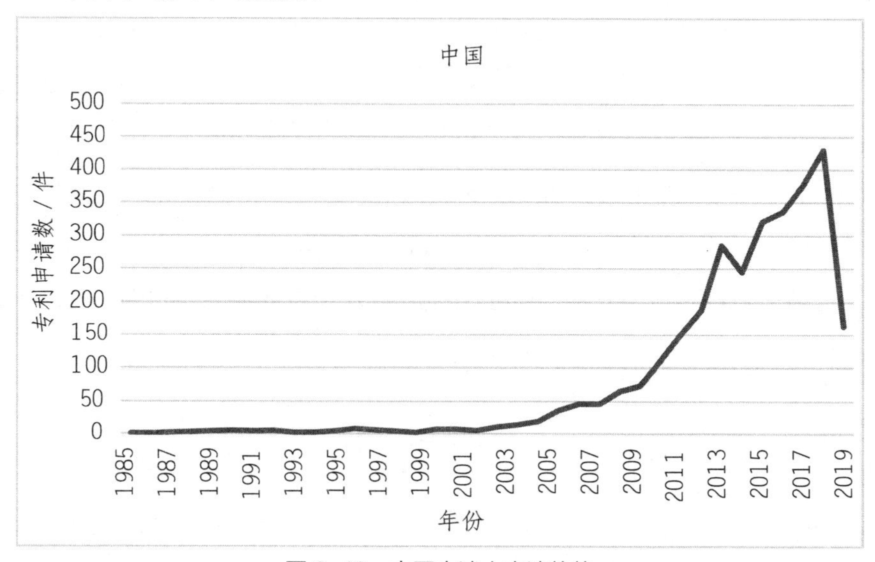

图 3-12　中国申请人申请趋势

1958 年中国就将自主研制燃气涡轮发动机纳入发展规划，成立了南、北两个设计所进行设计研究。

1959 年，中国从苏联引进 M-1 型燃气轮机作为国产护卫艇的加速主机。

以其为基础，1961年上海汽轮机厂完成首部国产燃气轮机的试制。70年代，中国从英国引进了第二代涡扇发动机斯贝MK202。80年代，中国开始在其基础上研制新一代航改燃气轮机GD-1000。在1985年以前，中国的涡轮技术主要靠引进和仿制来发展。直至80年代中期，中国才出现了第一个燃气轮机技术专利，比英美等国落后了50年之久。90年代末期，随着美国及西方一些国家对中国实行武器禁运，中国无法继续引进LM2500燃气轮机。

在1993年，中国与乌克兰签署了DA80（UGT25000）舰用燃气轮机的销售及生产许可合同。因此在1990—2002年内年专利申请量均在10个以下。此间中国也在继续国产型号的研制，不断为以后燃气轮机技术的自主研发奠定基础。2003-2010年这七年的时间里，中国的燃气轮机技术有所突破，专利申请数的增长速度明显提升。随着中国经济实力、工业基础、技术水平的增强，特别是航空发动机核心机技术的突破，2010—2020年这10年迎来了中国燃气轮机技术的蓬勃发展期，每年平均有243个专利申请，2019年更是多达430个。在此期间，中国完成了包括QD128、QC185和R0110重型燃气轮机等在内的一系列燃气涡轮发动机的自主研制，拥有了一大批专利技术和创新成果。

2016年11月，中国全面启动实施航空发动机和燃气轮机重大专项，推动中国的燃气轮机技术专利申请量更上一层楼。

3.3.4 重点申请人国别技术构成分析

如图3-13所示，重点申请人主要来自美国、日本、英国、德国、中国和俄罗斯等六个国家。从燃气轮机专利技术构成上看，俄罗斯申请人最擅长于压气机技术，压气机专利占燃气轮机专利总数的52%。俄罗斯其他四个技术分类的专利申请量旗鼓相当，控制系统专利占总数的11%，总体结构专利占总数的14%，涡轮专利占总数的13%，燃烧室专利占总数的10%。

中国申请人历年申请的燃气轮机技术专利中，五个技术类型下的专利申请数都不是很多，在1 000件以下，其中占比最大的是燃烧室技术专利，为28%，共申请840件。紧随其后的是压气机技术专利和总体结构技术专利，占比分别为23%和22%，数量分别为671和654件。申请数量最少的是控制系统专利和涡轮专利，占比分别为14%和13%，数量分别为419和402件。

德国申请人的燃气轮机技术专利中，压气机、燃烧室和涡轮三类专利总申请量均超过了1 000件，分别占到了总数的30%、23%和29%，其中压气机专利最多，为1 575件。总体结构专利和控制系统专利则仅占总数的13%和5%。

英国申请人的燃气轮机技术专利中，占比最大的是压气机专利，总共申请了2 011件，涡轮专利数量第二，占总数的27%。控制系统专利和燃烧室专利分别占总数的17%和11%，总体结构专利申请的最少，仅占总数的10%。

日本申请人的燃气轮机技术专利中，占比最大的是燃烧室专利，为3 002件。涡轮专利总申请量逾2 000件，占总数的22%，压气机和总体结构方面的专利申请量都在1 000件以上，分别占总数的17%和19%。控制系统专利最少，仅占总数的9%。

美国申请人的燃气轮机技术结构中，五个分类各自的申请量均在3 000件以上，其中，燃烧室和涡轮专利总申请量均超过了5 000件，共占总数的51%。压气机专利的申请数量较少些，占总数的20%，控制系统和总体结构两方面专利仅占到总数的15%和14%。

从六国申请人的压气机专利来看，美国申请的最多，为4 361件，中国申请人的最少，为671件。从六国申请人的燃烧室专利来看，美国申请人的最多，为5 764件，俄罗斯申请人的最少，为242件。从六国申请人的涡轮专利来看，美国申请人的最多，为5 706件，俄罗斯申请人的最少，为 308 件。从六国申请人的总体结构专利来看，美国申请人的最多，为 3 202 件，俄罗斯申请人的最少，为 330 件。从六国申请人的控制系统专利来看，美国申请人的最多，为 3 412 件，德国申请人的最少，为 256 件。

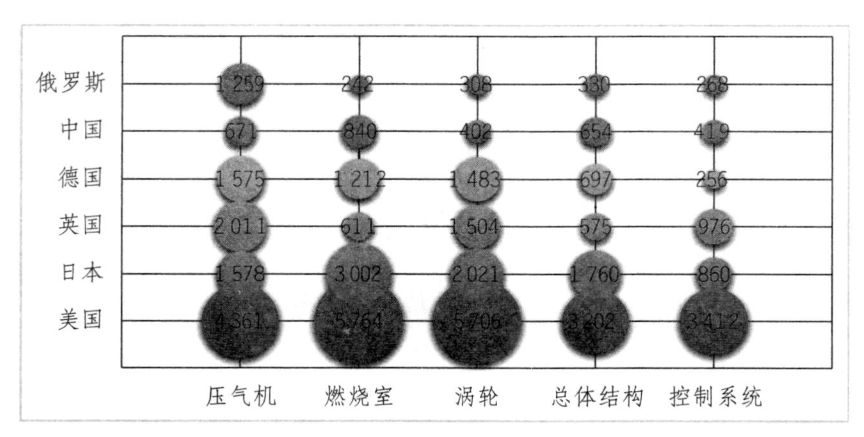

图 3-13　重点申请人国别技术构成

如图 3-14 所示，从燃气轮机专利技术构成上看，美国申请人最擅长于燃烧室和涡轮技术，两类专利分别占燃气轮机专利总数的 26% 和 25%，且数量均在 5 000 件以上。压气机技术专利的申请数量较少，为 4 361 件，占到总数的 20%。控制系统和总体结构两方面的专利申请得最少，分别占燃气轮机专利总数的 15% 和 14%，数量分别为 3 412 件和 3 202 件。

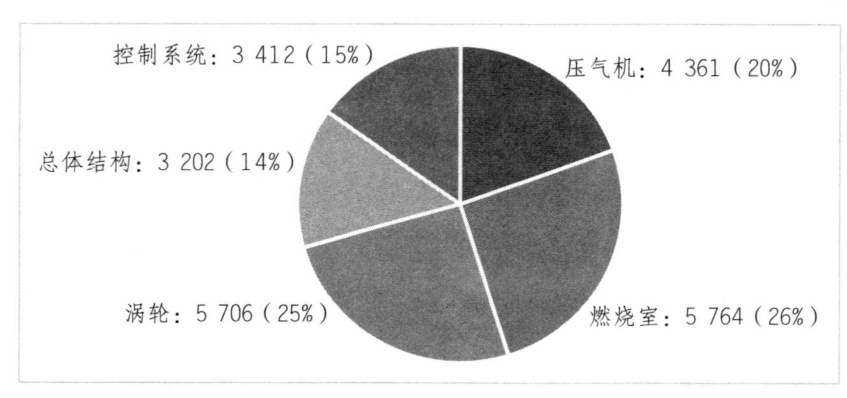

图 3-14　美国申请人燃气轮机各分支技术占比

从图 3-15 可以看出，美国人在本国专利申请数占据绝对优势，达到

7 521 件，远高于第二梯队的日本（专利申请数为 5 700 件），并且美国人在其他国家的外国人专利申请数均排名第一。在本国申请专利数量处于第三梯队的分别是中国、英国和俄罗斯，专利申请数分别为 2 903、2 232、2 275 件。处于最后一个梯队的是韩国、加拿大、法国以及瑞士，专利申请数分别为 813、375、0、0 件，其中法国人和瑞士人没有在本国申请专利，大部分法国人和瑞士人在美国申请专利，数量分别为 214 和 456 件。

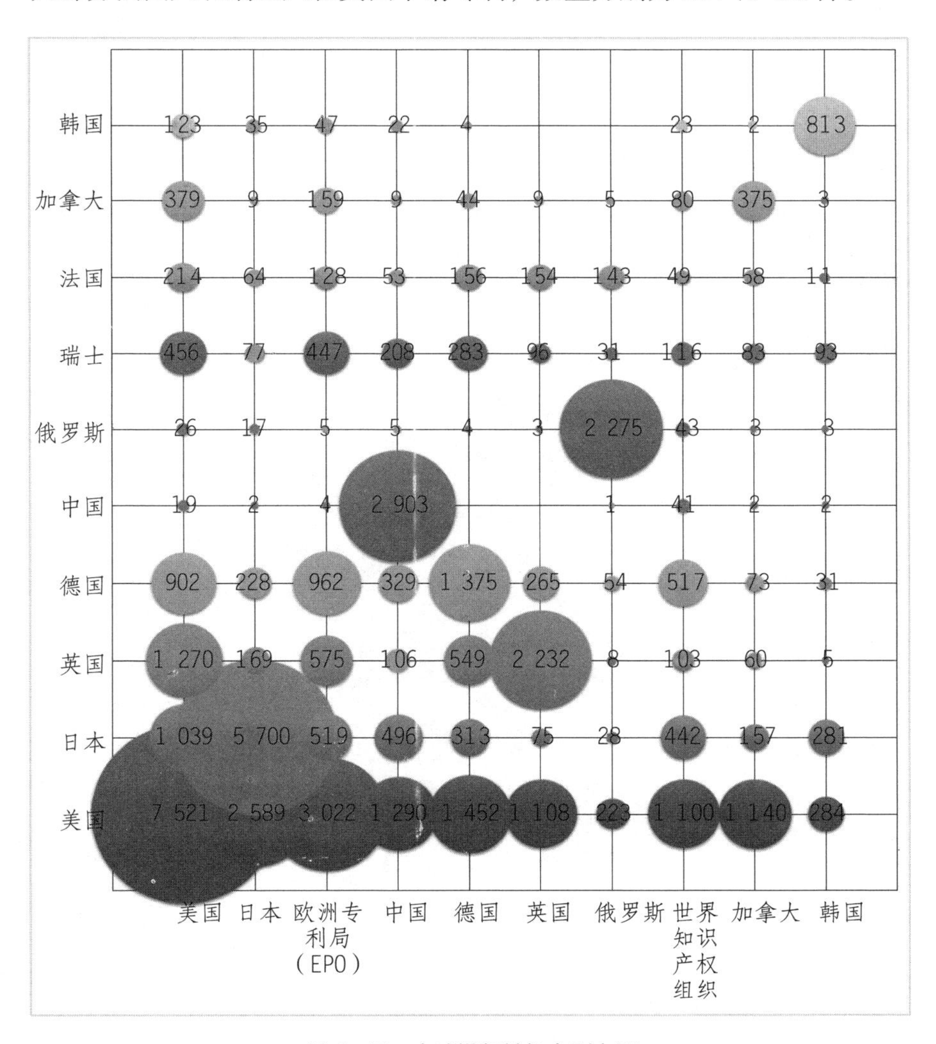

图 3-15　全球燃气轮机专利布局

对于中国来说，在中国申请专利数量最多的外国申请人是美国人，数量达到了 1 290 件，相比于其他国家在中国的专利申请数占据了绝对的数量优势。其次是日本人和德国人，数量分别为 496 和 329 件，瑞士人和英国人在中国专利申请数量也不少，分别为 208 和 106 件，处于最后一个梯队的是法国、韩国、加拿大、俄罗斯，数量分别为 53、22、9、5 件。

从图 3-16 可以看出通用电气公司的专利申请在数量上占据绝对优势，占总数的 40%，数量为 9 781 件。专利申请数量排名第二的是三菱日立电力系统株式会社，占总数的 20%，数量为 4 970 件。排名第三的是罗罗公司，占总数的 18%，数量为 4 238 件。排名第四的是联合技术公司，占总数的 13%，数量为 3 209 件。最后是西门子公司，专利申请数量占总数的 9%，数量为 2 259 件。

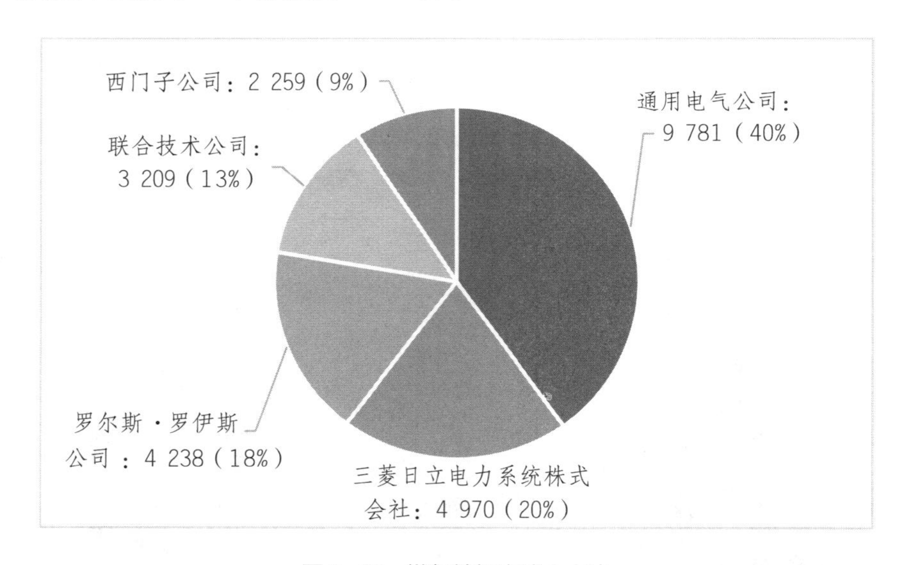

图 3-16　燃气轮机申请人占比

3.4 中国燃气轮机专利分析

3.4.1 中国专利趋势分析

图 3–17 所示，为燃气轮机中国专利申请量的总体趋势，从该图中可以看出，1996 年以前申请量较少，从 2000 年开始有了明显的增加，尤其是从 2007 年开始，增速更是不断加快，这表明随着我国燃气轮机市场的开拓，国内、外申请人均开始重视该领域的专利保护。在 2013 年达到一个峰值以后开始下降，这与燃气轮机全球专利申请的趋势相符。

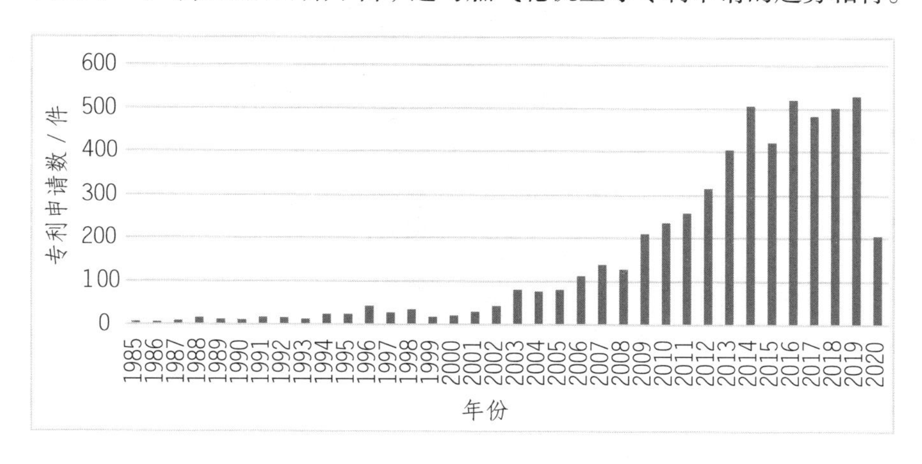

图 3–17　燃气轮机中国专利申请量总体趋势

3.4.2 中国专利技术构成分析

中国燃气轮机专利可大致分为压气机、燃烧室、涡轮、总体结构、控制系统等 5 个方面，从图 3–18 可以看出，燃烧室方面的专利申请量占了很大份额，体现燃烧室结构技术的重要性。这是因为在整台燃气轮机中，它位于压气机与涡轮之间。燃气轮机运行时，燃烧室在很宽的工况范围内工作。在燃气轮机变工况的过程中，燃烧室进口的空气流量、温度、压力、速度以及燃油消耗量都会发生变化，这些变化反过来又会影响整台燃气轮机的性能。所以燃烧室研发技术影响着整台燃气轮机的运行。控制系统方面的专利申请量所占份额不大，究其原因，可能是对燃气轮机控制系统的研究还未引起足够的重视，是中国燃气轮机行业的短板。我们发现，中国重点关注的仍然是燃气轮机结构构成技术方面的研发与改进，例如对压气机、燃烧室、涡轮这三大构件以及其总体结构的研究，这将会是国内企业能够突破的主要方面。

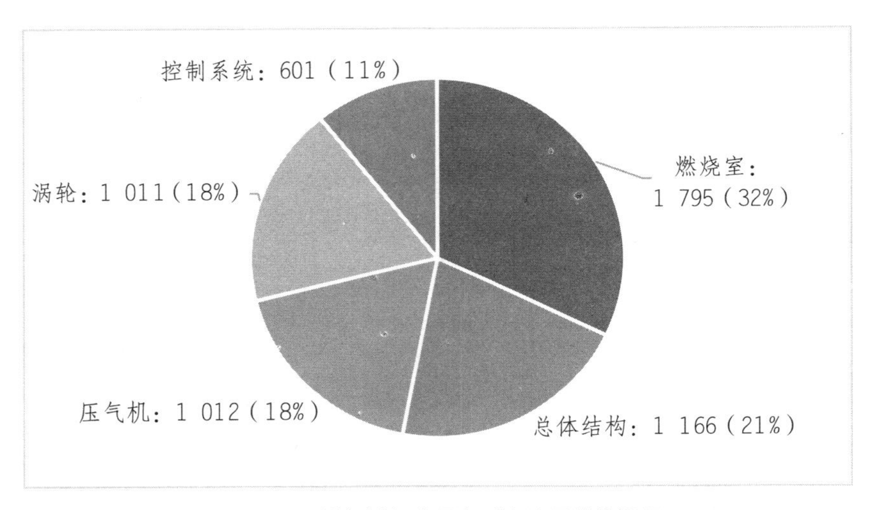

图 3-18　燃气轮机中国专利申请量总体概况

从图 3-19 中可以看出，在 21 世纪之前，中国的燃气轮机在各个方面的研究都处于起步阶段，每年的专利数量都非常有限。从 2000 年之后，关于燃气轮机各个部件的专利数量都有着显著的上升，其中有关燃烧室的专利增长最为明显，在 2014 年的时候甚至超过了 200 件；有关压气机的专利在 2015 年之前增长趋势与涡轮、总体结构和燃烧室方面相比较为缓慢，2015 年之后增长较为迅速，甚至在 2019 年超过了燃烧室，这说明近些年，研究人员对压气机更为重视；有关控制系统的专利数量在 2005 年之后也有所增长，但较其他四种结构始终较少，需要加大有关控制系统的研究力度。

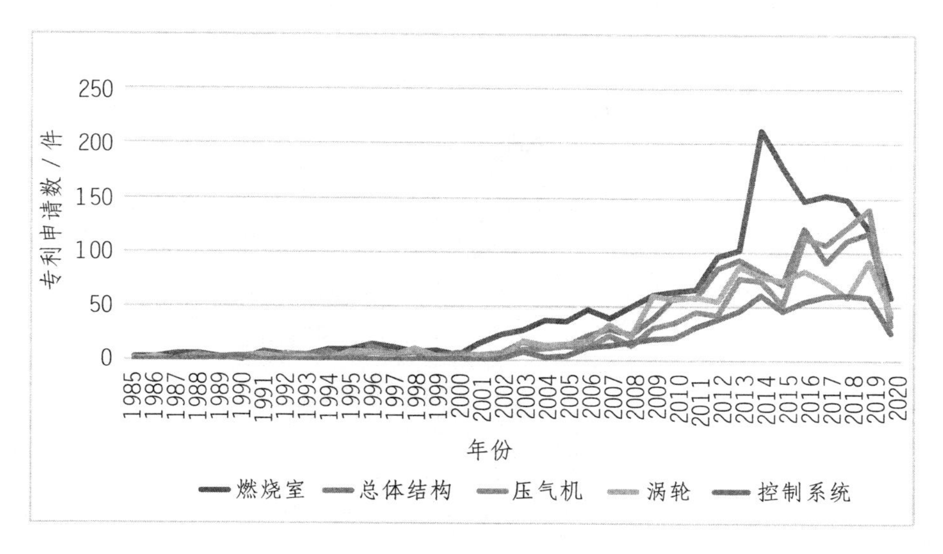

图 3-19 中国燃气轮机专利技术分支构成

3.4.3 专利申请人分析

图 3-20 为在中国申请专利的申请人以及申请量情况，有八个申请人的专利申请数量超过 100，分别是通用电气公司、三菱日立电力系统株式会社、西门子公司、中国船舶重工集团公司第七〇三研究所、北京华清燃气轮机与煤气化联合循环工程技术有限公司、哈尔滨汽轮机厂有限责任公司、中国科学院工程热物理研究所、阿尔斯通技术有限公司，排名前八申请人的专利数量占全部的 45.28%，尤其是通用电气公司占比最多，其专利数量达到 974 件，占到前八申请人的 38%，占全部的 17.1%，其次是三菱日立电力系统株式会社和西门子公司，分别有 403 和 318 件专利申请，占到排名前八申请人的 16% 和 10%，分别占全部的 7.2% 和 4.5%。

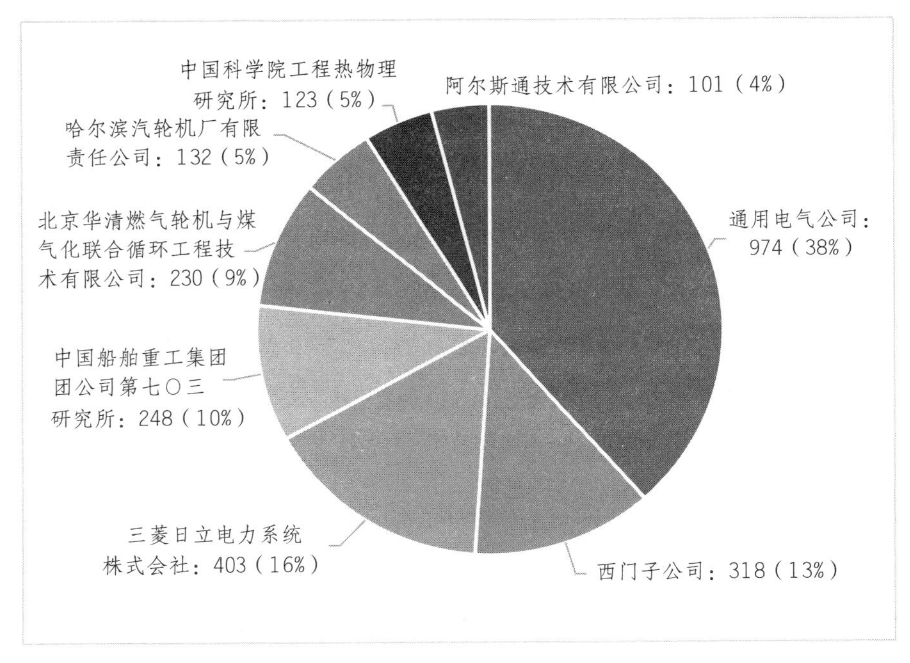

图 3-20 在华专利申请人占比

来华专利申请人国别：

共 22 个国家的申请人在中国进行专利布局，排名前五的国家占比超过 93%，排名前五的国家分别为美国、日本、德国、瑞士、英国、意大利，分别有 1 290 件、496 件、329 件、208 件、106 件、76 件专利申请，分别占比 48%、18%、12%、8%、4%、3%，通过观察图 3-21 可以发现美国占比最多，接近一半。剩余其他国家一共有 177 件专利申请，占比约 7%。

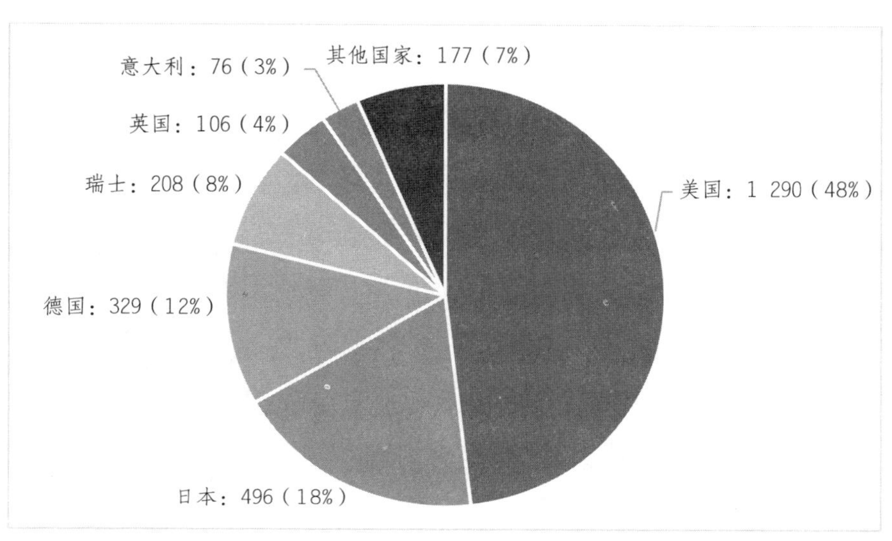

图 3-21　来华专利申请人国别

3.5 黑龙江省燃气轮机专利分析

从黑龙江省燃气轮机相关技术近 20 年来的申请趋势可以看出黑龙江省内的燃气轮机的相关专利的总体数量变化以及省内不同时期的发展趋势。根据图 3-22 中的数据分布情况，可以将黑龙江省内的专利发展过程进程大致分为四个阶段，分别为缓慢发展期、第一次快速发展期、调整期和第二次快速发展期。

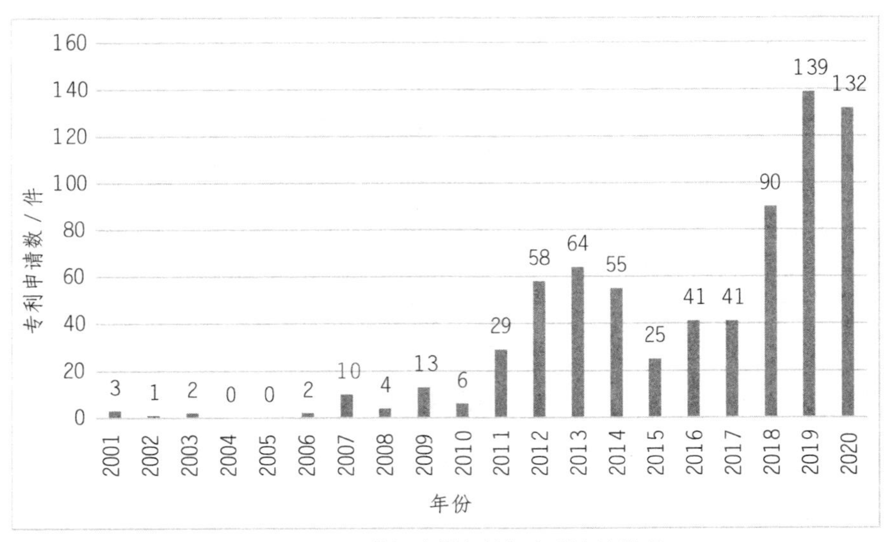

图 3-22　黑龙江省燃气轮机专利申请情况

1. 缓慢发展期（2001—2006 年）

缓慢发展阶段从 2001 年开始，随着西气东输和进口液化天然气（LNG）的增加，我国启动了重型燃气轮机国内市场需求，通过引进了国外先进的 F/E 级重型燃机制造技术，满足了我国电力工业的需要。同时“十五”期间，国家科技部通过 863 计划支持开展了 R0110（110MW）重型燃气轮机设计研制，由原中航工业沈阳黎明航空发动机（集团）有限责任公司（简称黎明公司）牵头，加上中航沈阳发动机设计研究所、清华大学、中国科学院工程热物理研究所、上海交通大学、中国燃气涡轮研究院、中国船舶重工集团公司第七〇三研究所、上海汽轮机厂有限公司、沈阳重型机器有限责任公司、沈阳鼓风机股份有限公司等九家单位共同组成的科研联合体作为课题承担单位完成首台 R0110 燃气轮机的设计、制造和带负荷发电实验，初步建立了重型燃气轮机的设计、制造、材料、标准化体系，在这样的大背景条件下，黑龙江省的相关单位投入到燃气轮机的研究当中并在这一阶段产出了 18 项相关专利。

2. 第一次快速发展期（2007—2013 年）

第一次快速发展阶段从 2007 年开始，这一阶段主要受到了“十一五”计划的推动，在基础研究方面，“十一五”期间国家 973 计划部署实施了 2 个大型研究项目。一是“燃气轮机的高性能热 – 功转换关键科学技术问题研究”项目，该项目集结了清华大学、北京航空航天大学、上海交通大学、西安交通大学、东南大学、中国科学院工程热物理研究所、中国船舶重工集团公司第七〇三研究所的科研力量。通过该项目的实施，在国内建设了一批测量技术先进的机理性实验研究平台，开展了燃气轮机相关基础研究，获得了一批基础实验研究数据，在多级轴流压气机、燃烧室和空气冷却透平的流动、燃烧、传热机理以及设计理论等方面解决了一批关键科学问题，缩短了与国际先进水平的差距；二是“大型动力装备制造基础研究”项目，该项目研究了蒸汽 / 空气双工质超强冷却的机理，研制出 F 级透平高温动叶片，初步构建了盘式拉杆组合透平转子系统设计体系，建成了重型燃气轮机转子综合试验系统。这两个基础研究项目虽然都取得了重要的成果，但还远不能满足我国重型燃气轮机行业发展对核心技术的需要。在 973 计划的推动下，黑龙江省的燃气轮机相关技术进入到第一次快速发展期，在这一阶段产出的相关技术专利多达 184 项。

3. 调整期（2014—2015 年）

调整期从 2014 年开始，在此期间申请人数量和申请量都在大幅度地下降，由于多种原因，我国燃气轮机产业发展缓慢，技术方面与国外差距仍然较大。这一阶段产出的专利为 80 项。

4. 第二次快速发展期（2016—2020 年）

第二次快速发展期从 2016 年开始，按照我国国民经济发展前景，在未来很长一段时期内我国发电总装机还需要大幅度增加，同时我国电力工业面临的资源、环境压力与日俱增。减少煤炭消耗，增加绿色、可再生、低碳发电的比例，最终达到大幅度减少二氧化碳和污染排放，构建可持续发展的能源电力系统，已经成为全民的共识。在这个历史进程中，重型燃气轮机在我国迎来了前所未有的发展机遇，这一阶段产出的专利多达443项。

我国燃气轮机试验设施总体上与世界先进水平的差距非常大，远不能满足自主研发的需要。在基础与应用基础研究试验设施方面，过去几十年基本上处于各大学和科研机构自发建设状态，而且以小型低参数的机理性基础研究实验设施为主，投资少、水平低，并存在大量的重复建设，用于关键技术验证的实验研究设施十分稀缺。我国燃气轮机制造企业十分需要在设计参数条件下对自主研发的压气机、燃烧室和透平部件的设计性能进行实验验证，但是这些试验设施投资巨大、设计建设技术难度很大、运行维护成本很高，建设和运营这一类大型试验设施是全行业面临的巨大挑战。近年来随着自主研发的逐步深入，我国在大型试验设施建设方面也取得了可喜进展，如中国船舶重工集团公司第七〇三研究所和东方汽轮机公司都建成了驱动功率为25MW等级的多级轴流压气机实验台，也在规划建设全尺寸燃烧室和透平冷却高温实验台等，这也导致了国内燃气轮机相关技术的研究投入逐渐增多。

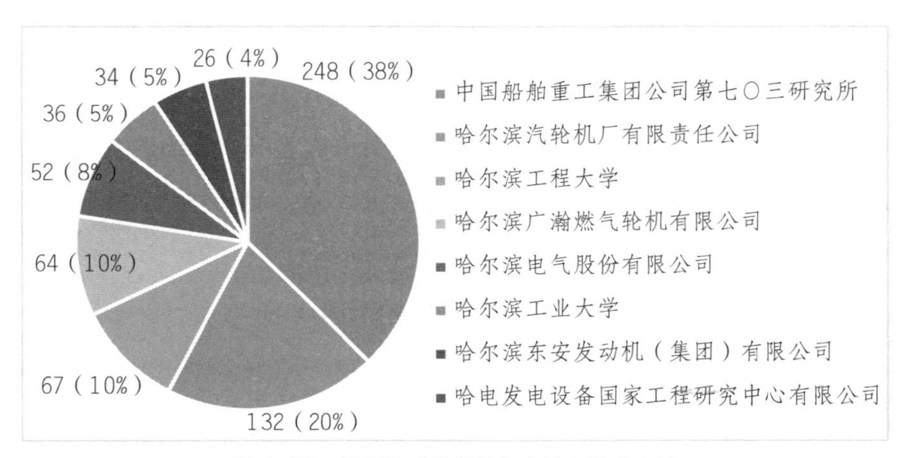

图 3-23　黑龙江省燃气轮机专利申请人占比

图 3–23 为黑龙江省申请人的分布饼图，从图中可以看出，黑龙江省的技术专利主要来源于中国船舶重工集团公司第七〇三研究所、哈尔滨汽轮机厂有限责任公司、哈尔滨工程大学、哈尔滨广瀚燃气轮机有限公司、哈尔滨电气股份有限公司、哈尔滨工业大学和哈尔滨东安发动机（集团）有限公司等几个研究单位。其中中国船舶重工集团公司第七〇三研究所、哈尔滨汽轮机厂有限责任公司占据了一半以上的主要份额，哈尔滨工程大学以及哈尔滨广瀚燃气轮机有限公司也是技术专利的主要产出单位。

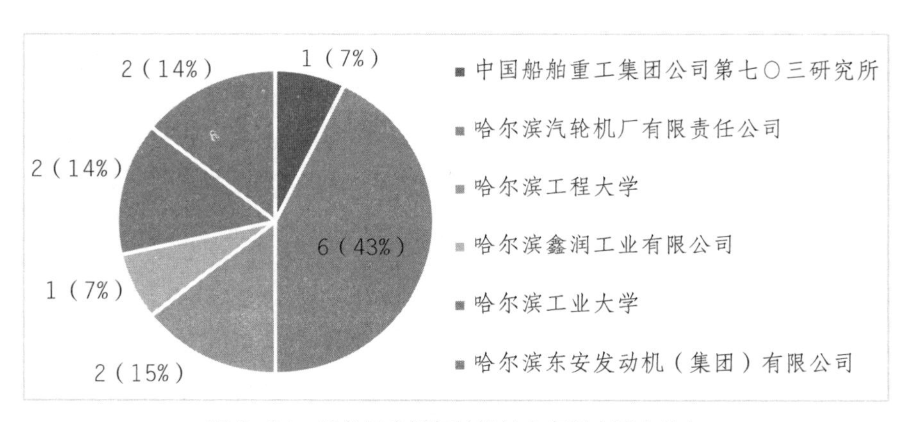

图 3–24　黑龙江省燃气轮机核心专利申请人分布

除了分析专利申请人的单位以外，核心专利的分布情况更为重要，图 3–24 为黑龙江省近二十年的燃气轮机相关技术专利被引次数超过 10 的专利申请人单位分布饼图。核心专利的数量较少仅占全部专利的 2%，可以看出，专利总量并不少，但是利用率低，这反映了目前黑龙江省在专利转化应用方面仍然欠缺，没有真正地创造足够大的生产力。哈尔滨汽轮机厂有限责任公司的核心专利主要围绕着一些先进的焊接技术比如电子束焊接方法和真空钎焊方法等，同时还包括压气机的各级叶片的设计与研究；哈尔滨东安发动机（集团）有限公司的核心专利技术主要围绕着微型燃气轮机的发电设备的技术研究；哈尔滨工程大学的核心专利也主要围绕着燃气轮机的故障诊断分析方面并提出了一种基于深度学习的燃机涡轮叶片故障检测方法的相关专利；哈尔滨工业大学的核心专利主要围绕着两方面：一方面是分布式能源的使用，将太阳能和燃气轮机的发电系统进行联合，另一方面是一种燃气轮机的聚类异常检测方法，用于解决目前燃气轮机的传感器采集的数据数目众多、信息量过度庞大，而预警技术不足的问题；哈尔滨鑫润工业有限公司的核心专利技术主要围绕一种燃气轮机涡轮导叶片及其精铸工艺；中国船舶重工集团公司第七〇三研究所对于线上的燃气轮机异常检测与故障诊断算法方面有较为深入的研究。

4 涡轮技术总体分析

本章重点分析了涡轮的专利技术，通过检索后补全数据、手工去除噪声，共获得涡轮全球专利申请 5 400 余件，中国专利申请 240 余件。对涡轮的专利态势情况从全球和中国两个层面进行分析，通过全球专利分析了解世界范围内叶片技术的发展趋势，通过中国专利中的国内 / 国外申请人的专利分析掌握国外涡轮企业在我国的专利布局情况并发现我国企业在技术研发中的优势或不足，并指出可能的突破方向。涡轮技术构成主要从涡轮动叶、封严、冷却结构这三个方面进行分析。

4.1 涡轮全球专利申请分析

从图 4–1 可以看出，涡轮技术全球专利申请总量呈现增长趋势，从各个时间段来看，涡轮技术在全球范围内大致经历了 3 个阶段。

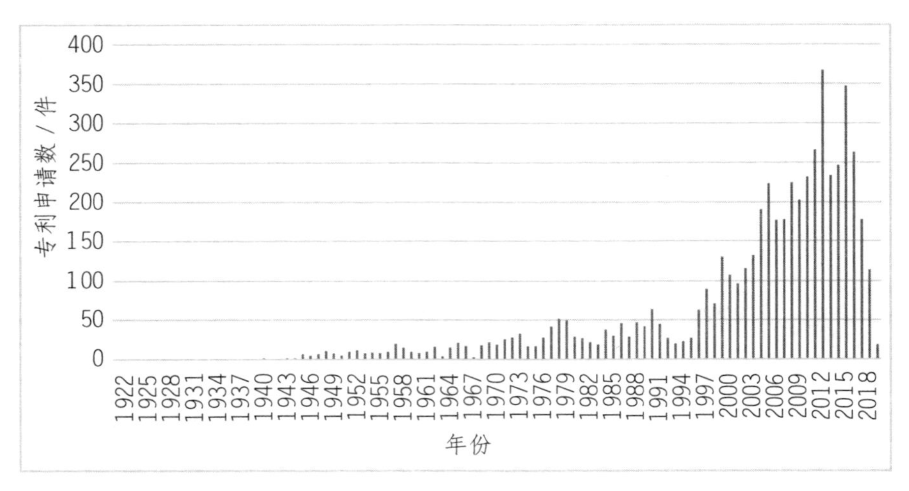

图 4-1 涡轮领域 1922-2020 年全球申请趋势

1. 技术萌芽期（1922—1958 年）

在这段时间范围内，涡轮技术发展比较缓慢，全球范围的专利申请量比较少。这是由于早期的涡轮机械成本高、效率低，且受到蒸汽机、内燃机和电动机的竞争而逐渐被淘汰。虽然有部分公司在做研究，但是由于涡轮机械未大规模地发展和应用，所以涡轮技术处于萌芽期。

2. 技术储备期（1959 —1991 年）

美国、西欧等发达国家逐渐意识到发展涡轮技术的前景，开始投入大量经费和科技力量进行研究，于是各国政府及各大公司纷纷进行涡轮机械的研究。各国也在不断提升涡轮机械设备在本国的应用。这一时期的专利数量开始平稳地上升。

3. 技术快速发展期（1992 年至今）

伴随着涡轮机械数量的不断增加，在产业实践中遇到的问题也促使涡轮的技术越来越细化。从图 4-1 中可以看出，1992 年之后，专利申请量有了大幅度的快速增加；近几年专利申请量增加非常迅速，这说明涡轮领域的研发相当活跃。近十年，随着涡轮技术的不断发展、涡轮机械的应用范围越来越广，涡轮领域越来越受到大家的关注。可以预见，随着发动机功率的不断提升，未来将涡轮机械应用于航空发动机、燃气轮机和蒸汽轮机将大有前途。

4.2 涡轮技术构成分析

涡轮技术构成可大致分为涡轮动叶、冷却结构、总体结构、二次空气系统、封严结构、涡轮机匣、涡轮轴、涡轮盘和涡轮静叶等 9 个方面，从图 4–2 可以看出，涡轮动叶方面的专利申请量占了最大比例，说明了涡轮动叶技术的重要性；二次空气系统方面的专利申请量所占份额不大，究其原因，可能是对涡轮二次空气系统本身的研究还未得到重视，重点关注的仍是涡轮动叶、冷却和涡轮总体结构方面，这可能将会是国内企业能够寻求突破的所在。

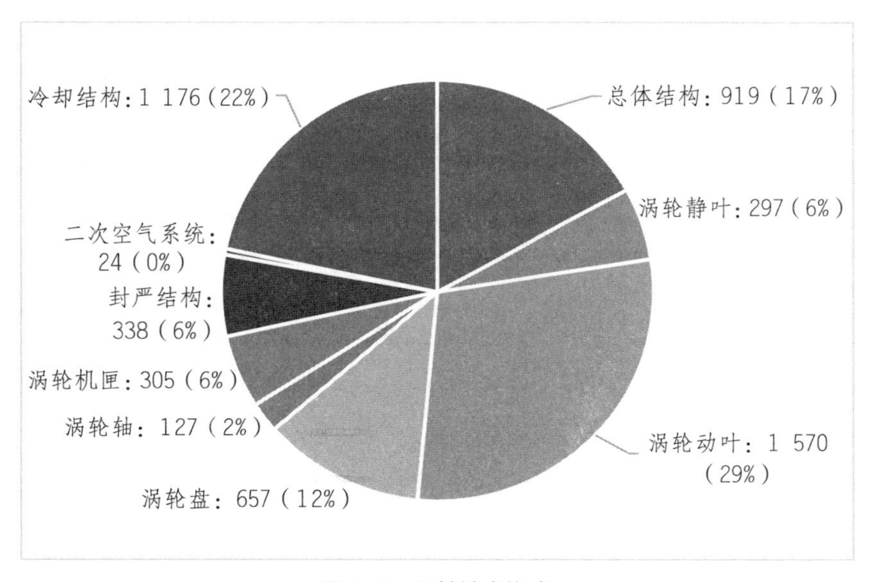

图 4–2　涡轮技术构成

从图 4–3、4–4 可以看出，各技术主题在 1992 年之后进入快速增长期，在 2014 年左右有一个拐点，这与当年全球经济形势普遍较差有关系。其中纵观这二十余年，关于涡轮动叶的申请一直占据着申请量的第一，冷却结构的申请量占据第二，而二次空气冷却系统的申请量则最少。这是因为，涡轮动叶是燃气涡轮发动机中涡轮段的重要组成部件。高速旋转的叶片负责将高温高压的气流吸入燃烧器，以维持引擎的工作。为了能保证在高温高压的极端环境下稳定长时间工作，涡轮叶片往往采用高温合金锻造，并采用不同方式来冷却，例如内部气流冷却、边界层冷却，抑或采用保护叶片的热障涂层等方式来保证运转时的可靠性。所以涡轮的冷却结构也很重要，申请量仅次于涡轮动叶，且二者都是于 2000 年始迅速增长。

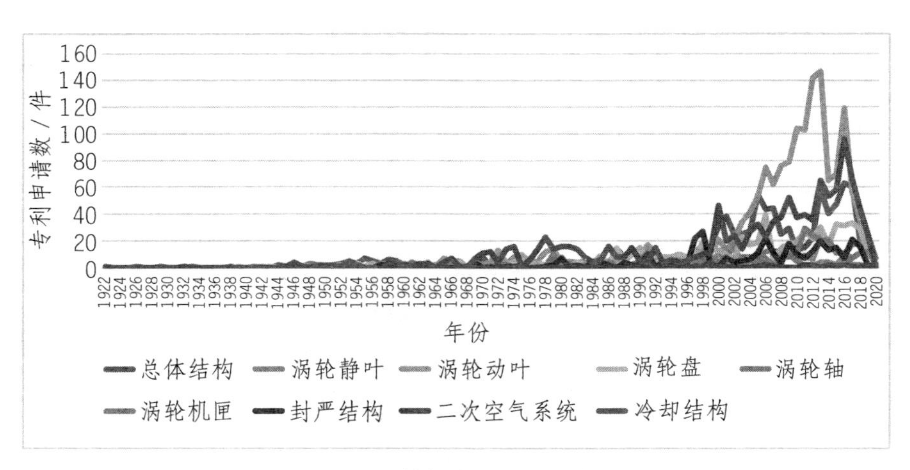

图 4–3　涡轮各技术历年申请趋势

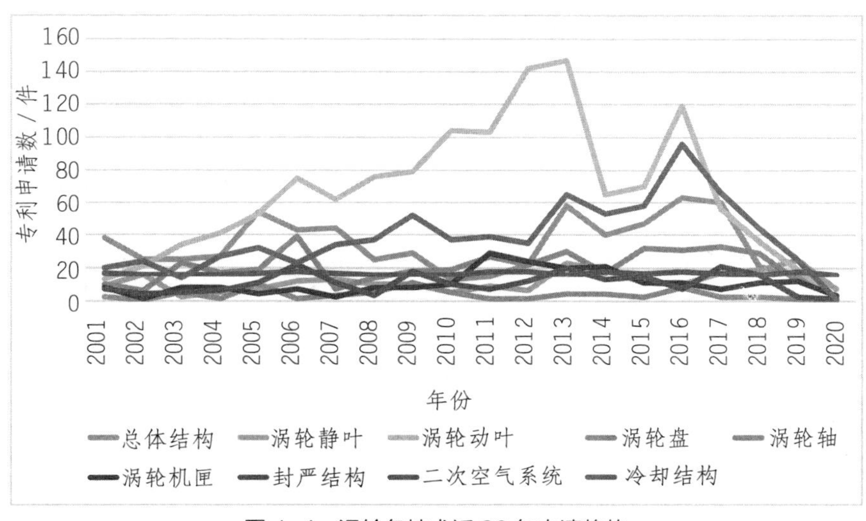

图 4-4 涡轮各技术近 20 年申请趋势

4.3 全球专利布局分析

如图 4–5 所示，从主要申请国来看，美国申请人除了在本国大量申请专利外，还在日本、欧洲专利局和德国申请了较大量的专利，说明美国非常重视本国以及日本和欧洲（特别是德国）市场；英国申请人除了在本国大量申请专利外，还在美国和欧洲专利局申请了一定量的专利，说明英国非常重视本国以及欧洲市场；德国申请人主要在欧洲专利局、本国和美国申请专利，说明德国非常注重欧洲市场（特别是本国）和美国市场；日本主要在国内申请专利，在国外申请的专利数量相对较少；中国主要在国内申请专利，在国外申请的专利数量极其稀少。中国的国外申请量（4 件）仅占总申请量（182 件）的 2.2%。

法国、加拿大、瑞士和俄罗斯的专利申请数量较少，这之中，法国数量（73 件）最多，俄罗斯数量（3 件）最少。

主要申请国在美国、欧洲地区（特别是英国）、日本市场的专利申请量相对较大，在进入这些国家和地区时，应当充分分析遭遇专利侵权风险的程度。

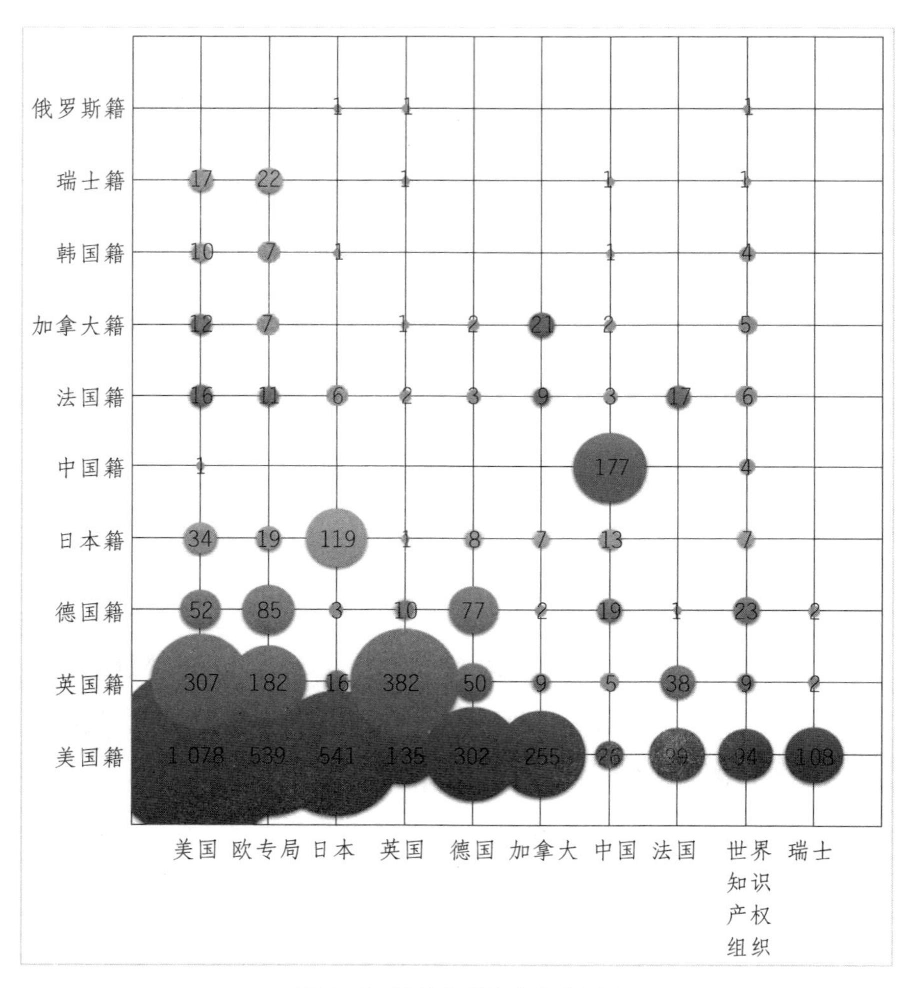

图 4-5　涡轮专利技术全球布局

4.3.1 申请地域分析

从图 4-6 可以看出，就主要分布地区来看，排名第一的是美国，其专利申请总量占全部总量的28%。排名第二的是欧洲专利局，其专利申请总量占全部总量的16%，第三名是日本，其专利申请总量占全部总量的13%。由此可见，美国是全球最重要的市场，尤其是在涡轮技术上。当然，美国申请量的占比大，不仅仅是因为美国市场的巨大，更加反映了美国本土企业在研发方面的热情。而欧洲和日本，作为老牌的技术研发地区和强国，依然具有巨大的优势。

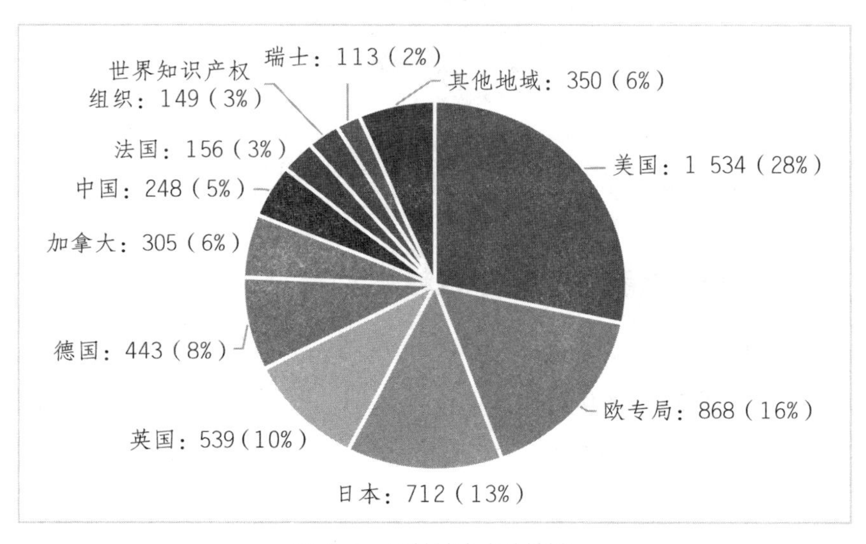

图4-6 涡轮技术申请地域

4.3.2 申请人国别分析

从图4-7中可以看到，涡轮技术专利申请主要由美国和英国申请人提出，其次则是德国、日本、中国以及欧洲申请人，美国和英国的专利申请量超过了总申请量的80%，其中美国更是占据总专利申请量的62%。

德国、日本、中国的专利申请量仅次于美国和英国，但总占比相对较低，合计占总申请量的12%，申请人数约为美国、英国的14.8%。

法国和加拿大都有一定量的专利申请量，共计占总申请量的3%。

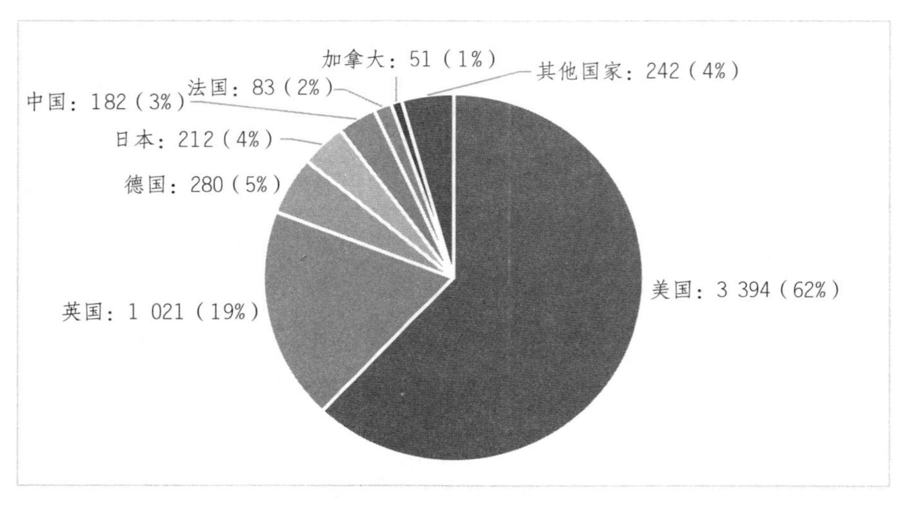

图 4-7 涡轮技术专利申请人国别

4.3.3 重点申请人国别–申请趋势分析

重点申请人主要来自美国、英国、德国、日本和中国等五个国家。涡轮机早在 19 世纪就开始在工业领域应用，但现实存在的工程技术困难限制了它在飞机上的应用，直到 20 世纪 30 年代中期，人们才开始认真考虑开发航空喷气发动机的问题。英国是世界上首个拥有涡轮技术领域专利的国家，1922 年就有了第一个涡轮技术专利，英国罗罗公司作为世界涡轮技术领域的一大巨头，引领了英国的涡轮技术研发，英国的涡轮技术专利申请量总体呈稳步增长的趋势，体现了其在涡轮技术上深厚的沉淀与积累。德国是世界上第二个拥有涡轮技术专利的国家，第一个专利出现在 1932 年，但很长一段时间里德国都几乎没有涡轮技术领域的专利申请，直到 2000 年，德国每年的专利申请量才有了明显的上升，之后年均专利申请量维持在 11 件左右。美国自 1941 年出现第一个涡轮技术领域专利起，经过约 20 年的探索，自 1960 年后年增长率稳步上升，1980 年后进入蓬勃发展期，超越英国成为世界上每年在涡轮技术领域申请专利最多的国家。美国在涡轮技术领域申请的专利数量在近 20 年无人能及，2012 年共申请了近 300 件，证明了美国在涡轮技术研发领域的雄厚实力。日本在 1977 申请了第一个涡轮技术领域专利，此后经历了 20 年的技术探索期，在这个期间年均申请专利量为 1~2 件。1997—1999 年日本共申请了 74 件专利，这一时期涡轮技术领域专利呈现爆发式增长。2000—2020 这 20 年中，日本的涡轮技术专利申请数量保持在稳定的数量级上，年均申请 5~6 件。中国是五个国家中涡轮技术起步最晚的国家，1989 年才出现了第一个专利。由于基础薄弱，中国直至 2003 年才出现第二个涡轮技术专利。2010 年以后，在中国科技工作者的不断积累和中国政府的大力支持下，中国的涡轮技术专利申请呈现蓬勃发展的局面，2010—2020 这 10 年内的年均专利申请数量为 16 件，多于德国和日本。

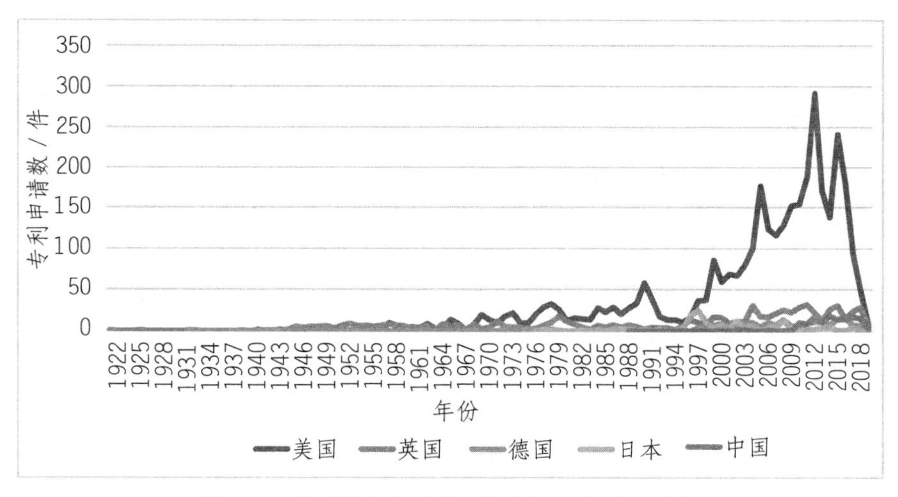

图 4-8 涡轮技术专利重点申请人国别及申请趋势

图 4-9 为五个国家从 21 世纪开始至今关于涡轮技术领域的相关专利申请数量的折线图。从图中我们可以看出美国的涡轮技术领域专利申请数量居于首位，趋势还在上升中，且时隔几年便出现一个申请数量的

峰值，主要原因在于，美国拥有较为完备的工业体系和在涡轮技术领域中很雄厚的技术储备，美国居于世界前列的综合国力为涡轮技术领域的发展提供了有力的支撑。紧随美国其后的就是英国和德国，相关专利申请较少的是中国和日本。从21世纪初开始，在全球化趋势的影响下，各国的科技交流进一步加深，军事力量竞争也日益激烈，燃气轮机领域的发展焕发出了蓬勃的生机，带动了世界各地的涡轮技术领域蓬勃发展，相关专利的申请剧增，且增速不会放缓。

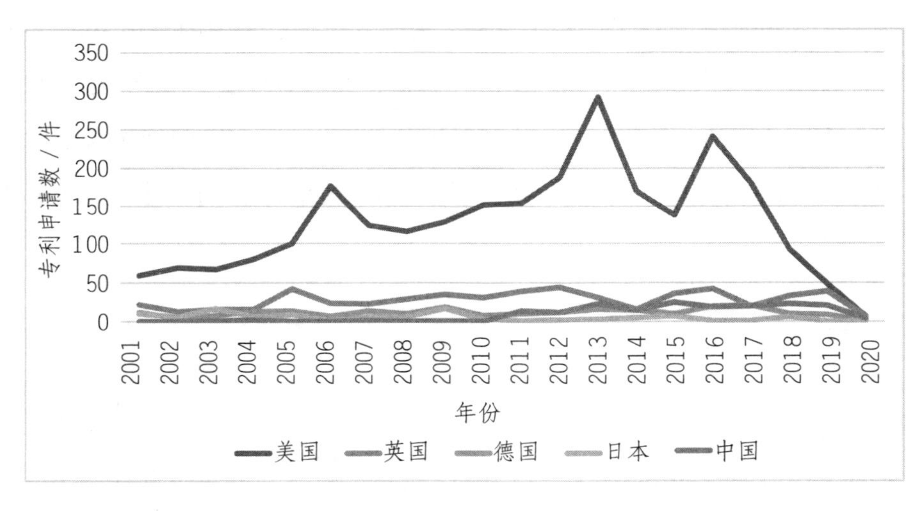

图4-9 涡轮技术专利重点申请人近20年申请趋势

4.3.3.1 美国

如图4-10所示，美国的涡轮技术专利申请始于1941年，起步较晚，但后来居上。1940—1920年这20年为其技术启蒙期，平均每年申请专利1~2件。1920—2020年这80年中，美国的涡轮技术专利申请数量基本呈线性增长，每年平均要比上一年多申请一件专利。在这80年中，美国完成了以航空涡轮发动机为基础研发舰船用涡轮发动机的技术迭代，LM2500系列燃气轮机的发展之路堪称经典。该系列燃气轮机有着非常广泛的用途，可应用于船舶动力、发电、石油开采等多种领域。最为主要的用途是作为军用舰艇的动力装置。由于该型燃气轮机性能优秀，所以美国与其他一些国家的海军均采购 LM2500 燃气轮机作为作战舰艇的动力装置。从 20 世纪 70 年代初正式投入使用以来，LM2500 系列燃气轮机已经销售了 2 000 多台（包括工业和舰船），占据了世界舰船燃气轮机的绝大部分份额。2000 年以后，美国在世界范围内确立了涡轮技术专利申请量的世界领先地位，近 20 年内每年平均申请约 130 件专利，申请量最多的是 2013 年，共申请了 292 件。涡轮发动机属于高技术产品，研发必须具备雄厚的工业基础和长期不断地投入，美国在涡轮技术领域的迅猛发展，展示了其深厚的科技实力和一流的工业水平。

图 4-10　美国涡轮技术专利申请趋势

4.3.3.2 英国

如图 4-11 所示，1922—1940 年是英国涡轮技术的启蒙期，弗兰克·惠特尔在航空涡轮喷气发动机上进行了大量的设计和试验，但几乎没有得到政府的支持。1939 年 6 月，英国政府决定大力支持航空喷气发动机的开发。在 1940—1970 这 30 年的时间里，英国每年平均有 6~7 件涡轮技术领域专利，罗罗公司生产的涡轮发动机在军方和民航两处都得到了大量的订单，罗罗公司完成了一系列的技术迭代，推出了多个型号的涡轮发动机。1970—2000 年这 30 年的时间里，英国每年平均有 9~10 件涡轮技术领域专利，罗罗公司开始推出工业发电用涡轮发动机，后来又研发出舰船用涡轮发动机，1980 年的申请专利数达到了 24 件，为 2000 年前的最高值。2000—2020 年这 20 年的时间里，英国每年平均有 27~28 件涡轮技术领域专利，保持着较高的技术活力。

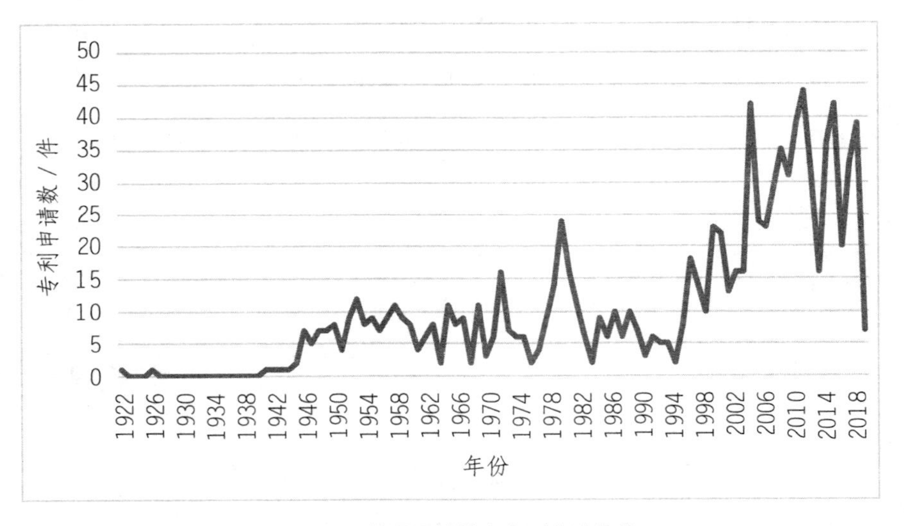

图 4-11　英国涡轮技术专利申请趋势

4.3.3.3 德国

德国是第二次工业革命的领导地区，积累了极其深厚的工业技术，至今也以精密的工业技术扬名于世。德国的西门子公司拥有先进的涡轮技术，引领了德国涡轮技术领域的发展。如图 4-12 所示，德国的第一个涡轮技术领域专利出现在 1932 年。在二战失败后，燃气轮机技术惨遭瓜分，美国、英国分别抢走了人才和图纸。二战后美国不允许德国研制飞机，所以德国在涡轮技术领域停滞了很长一段时间。直至 1973 年，德国才开始小规模出现涡轮技术领域专利，但专利增长的趋势没能保持，1980 年后仍然出现了 10 年的空窗期。2000 年后，德国在涡轮技术领域的专利申请才开始真正兴起。2000—2020 这 20 年间，德国平均每年申请 11~12 件涡轮技术领域专利，进步显著。其中，2017 年申请的专利总数最多，为 21 件。

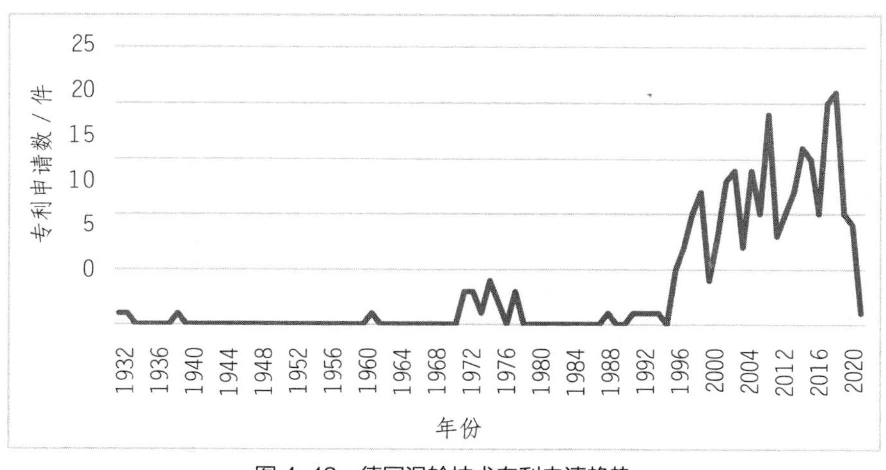

图 4-12　德国涡轮技术专利申请趋势

4.3.3.4 日本

日本的首个涡轮技术专利申请于 1977 年，此后至 1981 年日本航空发动机公司成立期间，只有少数几年有 1~2 个涡轮技术专利申请。1981—1996 年这 15 年中，涡轮技术在日本有所发展，大部分年份每年都有 3~4 个专利申请。1997—2000 年这三年是日本涡轮技术专利数量的井喷期，每年平均有 20 件专利申请，较往年大幅度上升。2000—2020 年内，日本涡轮技术专利申请势头稍有减弱，但维持在每年平均 5~6 件的稳定水平。2015—2018 年，三菱重工的涡轮增压器销量增加了 30%，2017 年出货近千万件，如今三菱制造的涡轮增压器已经遍布全世界，是很多一线品牌的供应商，包括很多自主品牌都在使用。德国大众 EA111 的 1.4T 与 EA888

的 2.0T 发动机的涡轮，都采用了来自日本 IHI 公司的产品。IHI 公司原名“石川岛播磨重工业株式会社”，这家重工业公司历史悠久，与三菱重工一样，是日本军工企业的代表之一，主要生产船舶、航空和汽车上的涡轮增压器，是目前世界 5 大涡轮增压器生产商之一，已经生产了超过 3 600 万台涡轮增压器。在日本航空公司使用的波音 787 的 GEnx 发动机中，日本制造商生产了高压压气机和低压涡轮等部件，参与份额超过 15%。

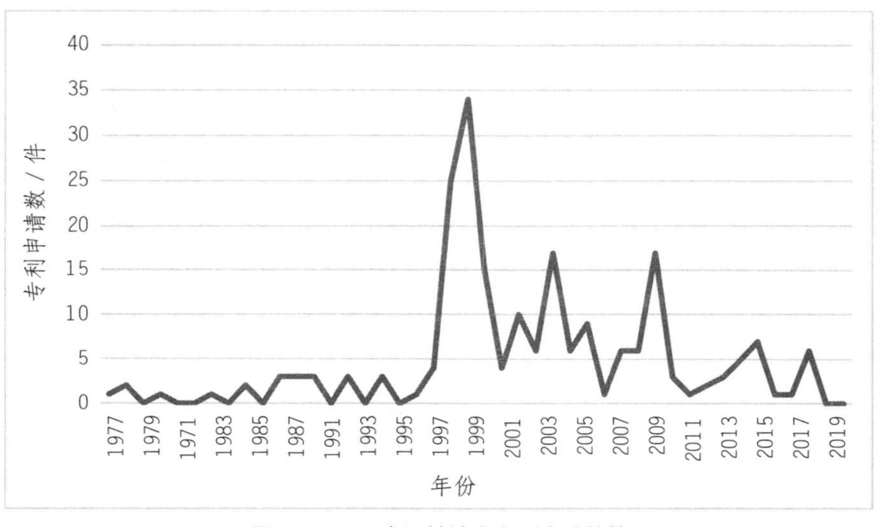

图 4-13　日本涡轮技术专利申请趋势

4.3.3.5 中国

1958 年中国就将自主研制燃气涡轮发动机纳入发展规划，成立了南、北两个设计所进行设计研究。1959 年，中国从苏联引进 M-1 型燃气轮机作为国产护卫艇的加速主机。以其为基础，1961 年上海汽轮机厂完成首部国产燃气轮机的试制。70 年代，中国从英国引进了第二代涡扇发动机斯贝 MK202。80 年代，中国开始在其基础上研制新一代航改燃气轮机 GD-1000。在 1989 年以前，中国的涡轮技术主要靠引进和仿制来发展，因此迟迟没有出现自有的专利技术。直至 80 年代末，中国才出现了第一个涡轮技术专利，比英美等国落后了50年之久。90年代末期，美国及西方其他一些国家对中国实行武器禁运后，中国无法继续引进LM2500燃气轮机。在1993年，中国与乌克兰签署了DA80（UGT25000）舰用燃气轮机的销售及生产许可合同。因此在1990—2002年又出现了12年的专利申请空窗期。此间中国也在继续国产型号的研制，不断为以后涡轮技术的自主研发奠定基础。2003—2010年这七年的时间里，中国的涡轮技术有所突破，多数年份都有1~2个涡轮技术专利申请。随着中国经济实力、工业基础、技术水平的增强，特别是航空发动机核心机技术的突破，2010—2020年这10年迎来了中国涡轮技术的蓬勃发展期，每年平均有16个专利申请，2015年更是多达25个。在此期间，中国完成了包括QD128、QC185和R0110重型燃气轮机等在内的一系列燃气涡轮发动机的自主研制，拥有了一大批专利技术和创新成果。

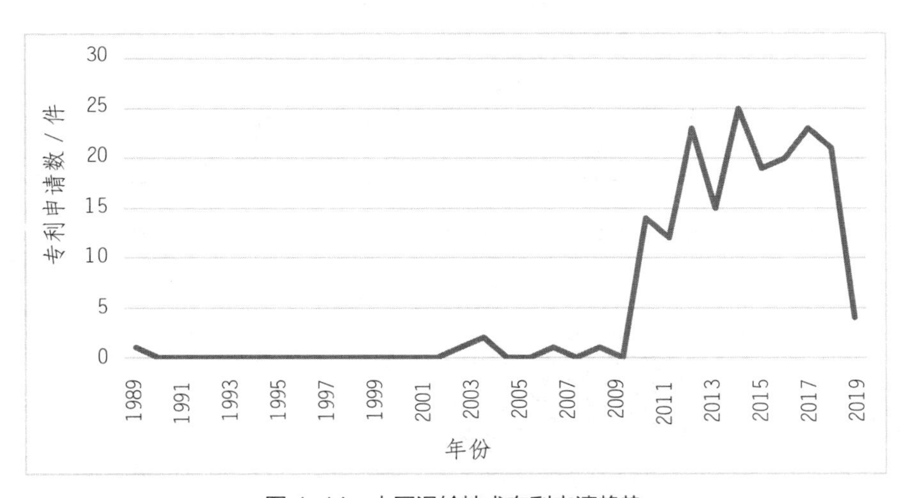

图4-14 中国涡轮技术专利申请趋势

4.3.4 重点申请人国别－技术构成分析

如图4–15所示，从主要申请国来看，美国的申请数量目前仍占据领先地位，在大多技术构成方向上都占据多数，尤其是在涡轮动叶和冷却结构方向上有 1 166 和 824 件，总体结构方向上也达到了 516 件，但在二次空气系统结构上仍然和其他主要国家在同一水平，均较低。其次是英国，英国在涡轮轴技术方向的申请数量领跑，为 49 件，在总体结构、涡轮静叶、涡轮动叶封严结构、冷却结构方向的申请数量也领先除美国外的其他主要国家。德国主要在涡轮盘方向的专利申请数量上比较突出，有 65 件，其他方向的分布与总体分布大概相同。日本在涡轮静叶方向的专利申请数量略少，在封严结构和涡轮盘方向上的数量相对可观，有 42 件和 59 件。中国在涡轮盘和冷却方向的申请比例较高，分别达到了 51 件和 30 件，在涡轮静叶、涡轮机机匣方向的申请数量较情况类似的日本有更高的比例，但来自封严结构的申请比例比较低。

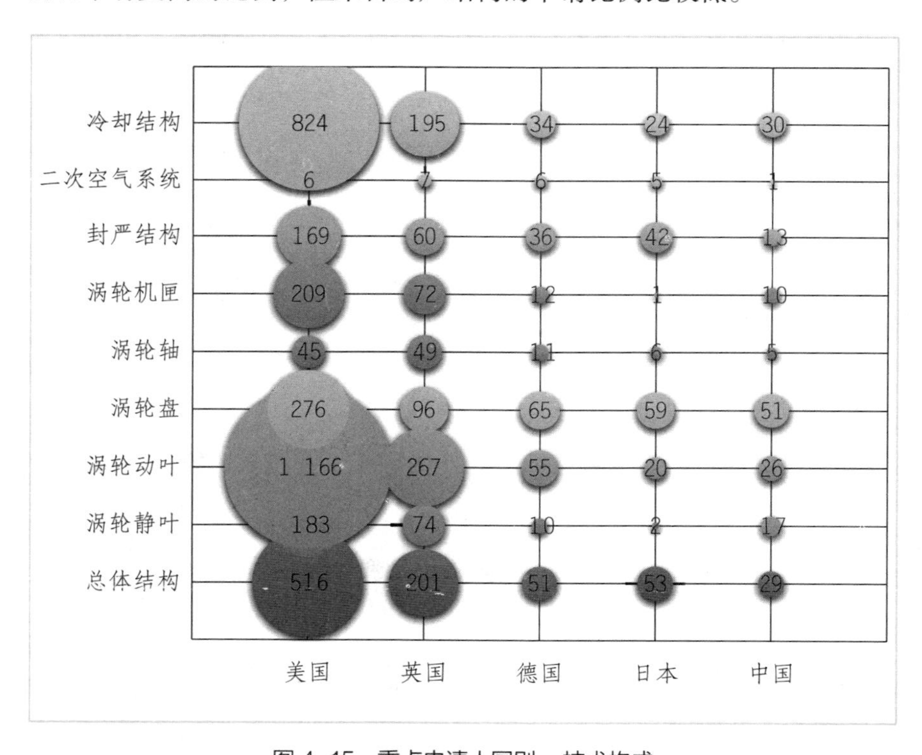

图 4-15　重点申请人国别 - 技术构成

4.3.4.1 美国申请技术构成

从图 4–16 上可以看出，美国对涡轮叶片较为重视，其申请涡轮动叶领域的专利数量最多，数量达到 1 166 件，占比 35%；其次是冷却结构、总体结构和涡轮盘，数量为 3 824、516 和 276 件，占比分别为 24%、15% 和 8%；涡轮盘、涡轮机匣以及涡轮静叶的专利申请数量较少，数量分别为 276、209 和 183 件，占比分别约为 8%、6% 和 6%；而涡轮轴和二次空气结构方面的专利申请数量更少，数量仅有 45 和 6 件，占比仅有 1% 和不到 1%。

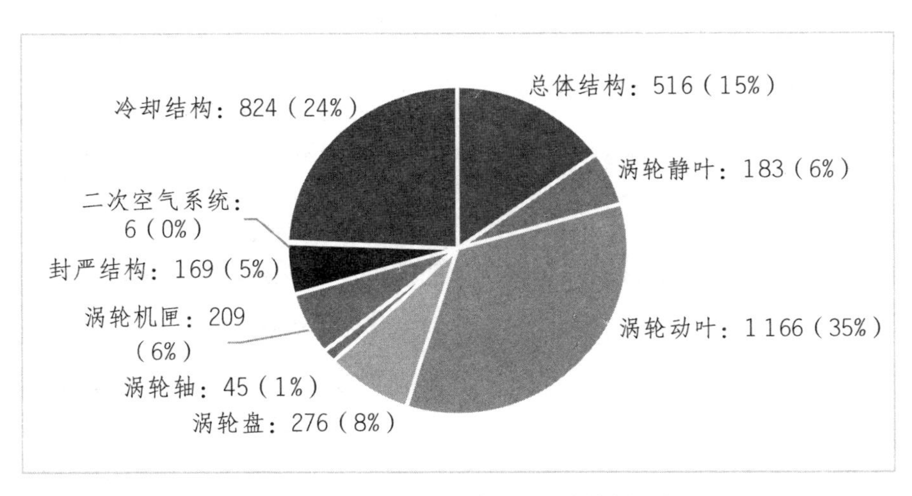

图 4–16 美国涡轮技术专利申请技术构成

4.3.4.2 英国申请技术构成

从图 4–17 上可以看出，英国对涡轮叶片较为重视，其申请涡轮动叶领域的专利数量最多，数量达到 267 件，占比 26%；其次是总体结构、冷却结构和涡轮盘，数量为 201、195 和 96 件，占比分别为 26%、19% 和 9%；涡轮静叶、涡轮机匣以及封严结构的专利申请数量较少，数量分别为 74、72 和 60 件，占比分别为 7%、7% 和 6%；而涡轮轴和二次空气系统方面的专利申请数量更少，数量仅有 49 和 7 件，占比仅有 5% 和 1%。

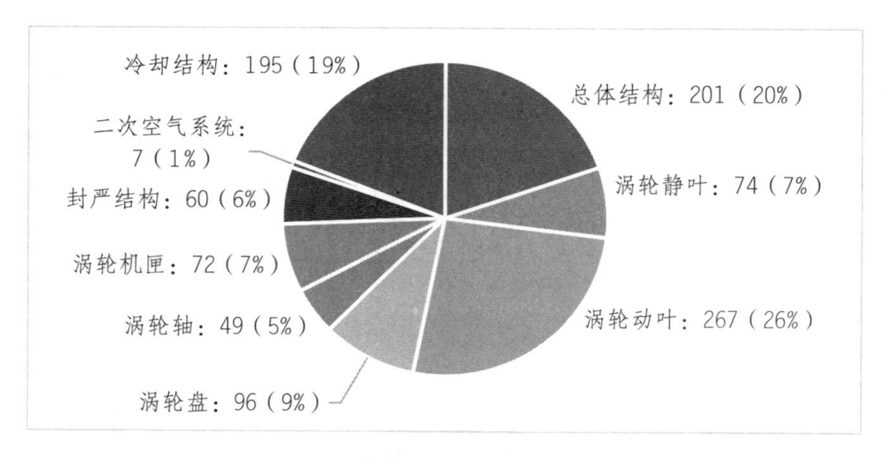

图 4-17 英国涡轮技术专利申请技术构成

总体来看，五个申请国的专利申请技术构成主要以涡轮动叶、冷却结构、总体结构为主。美国在这些方向上的申请数量暂时领跑，英国紧随其后，德国、日本、中国稍微落后，但发展前景可观。以目前形式来看，中国在封严结构方面的申请数量有些落后，需要重视。二次空气系统为所有主要国家需要发展的方向，尤其是我国需要更加重视。

4.3.5 重点申请人分析

由图 4-18 可知，从整体来看，在燃气轮机领域通用电气公司专利申请人占据主导地位，其申请量的总比例达到了 54%。处于第二梯队的罗罗公司占比 24%，第三梯队的西门子公司、美国联合技术公司、三菱重工的占比分别为 2%、2%、1%。而全球其他所有公司专利申请人的申请量总和占比才 17%，只有通用电气公司和罗罗公司的五分之一。

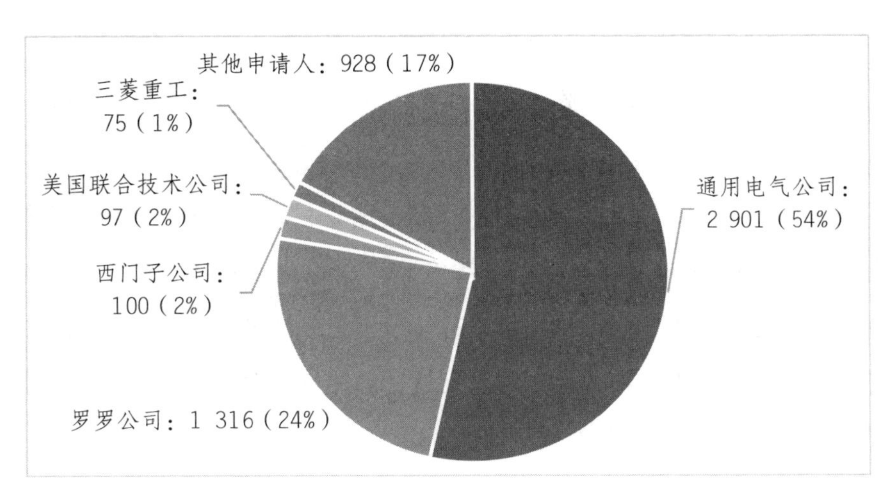

图 4-18　涡轮技术重点申请人专利饼图

由图 4-19 可知，全球专利申请量超过 50 件的只有五家单位，其中通用电气公司申请量 2 901 项排名第一，遥遥领先第二名罗罗公司的 1 316 项。而处于第三集团的西门子公司、美国联合技术公司、三菱重工申请量分别为 100 项、97 项、75 项。它们跟通用电气公司和罗罗公司相比在申请数量上存在明显的差距。

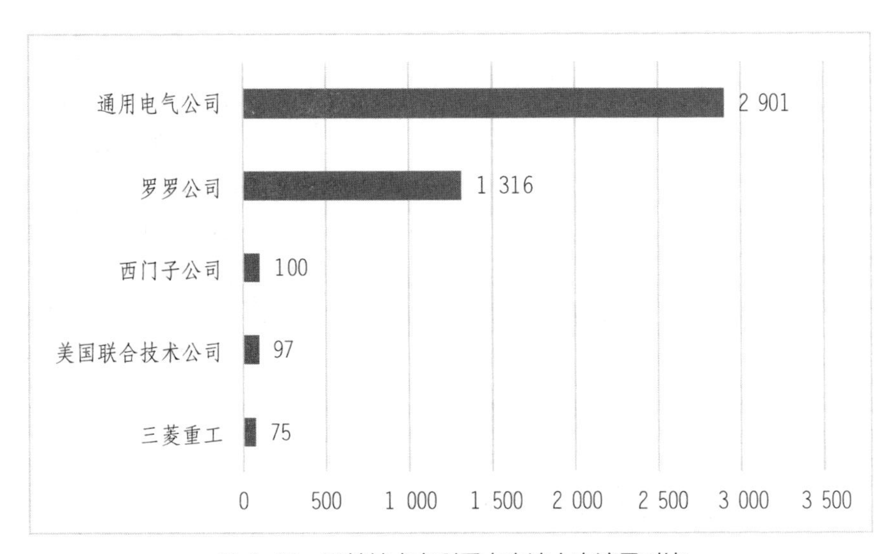

图 4-19　涡轮技术专利重点申请人申请量对比

4.3.5.1 通用电气公司申请趋势

如图 4–20 所示，通用电气公司的专利申请起始于 1944 年，1944—1957 年，专利申请数量都很少，最多为两件，大多数年份都没有。1958—1999 年，专利申请数量有了一定的增长，但专利申请数量基本都在 20 项以下，只有 1980 年有 24 项专利。1980 年左右的峰值得益于英国和阿根廷爆发的马尔维纳斯群岛战争以及里根总统提出的“星球大战计划”，对航空发动机的巨大需求促进了通用电气公司专利申请量的增加。2000 年开始，专利申请量有大幅增长，2013 年达到顶峰 232 项。进入 21 世纪，和平与发展成为时代的主题，第四次科技革命悄然兴起，科学技术取得飞速进步，人们对知识产权的保护意识越来越强，专利的申请量呈现井喷式的增长。

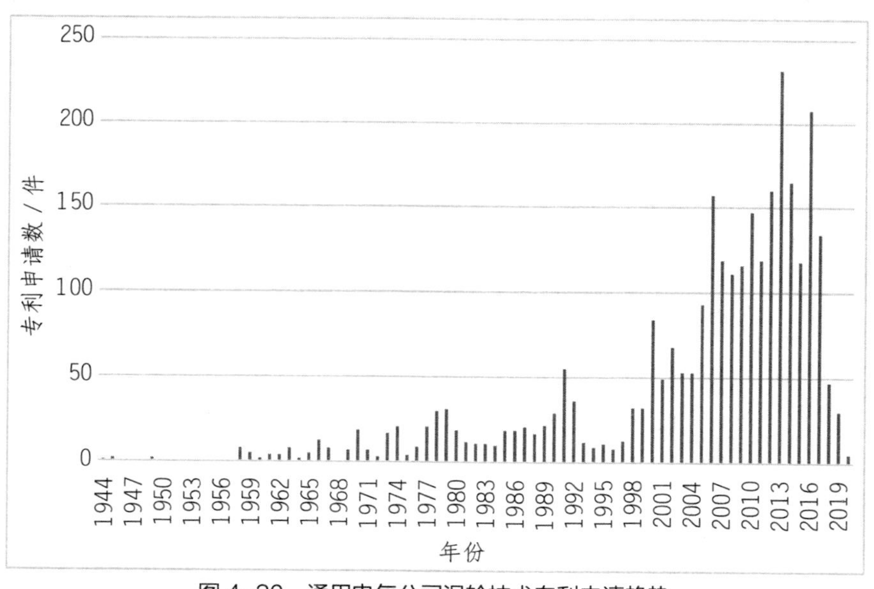

图 4–20　通用电气公司涡轮技术专利申请趋势

4.3.5.2 通用电气公司技术构成

从图 4–21 可以看出，涡轮技术领域的专利技术可以分为涡轮动叶、冷却结构、总体结构、涡轮机匣、涡轮静叶、封严结构、涡轮盘、涡轮轴、二次空气系统等九个分支。

叶片作为燃气轮机中的重要构件，对于燃气轮机性能的提高有着重要的作用。通用电气公司涡轮动叶的专利申请量达到了 1 040 项，占比 36%；涡轮静叶的专利申请量也有 154 项，占比 5%。叶片的总占比达到 41%。

目前，限制燃气轮机使用效率提升的核心技术难题主要是燃气轮机的热端部件高温防护问题。通用电气公司冷却结构的专利申请量达到了 770 项，占比 27%。其他总体结构、涡轮机匣、封严结构、涡轮盘、涡轮轴、二次空气系统的专利申请量分别为 443 项、201 项、131 项、113 项、43 项、6 项，占比分别为 15%、7%、5%、4%、1%、0%。

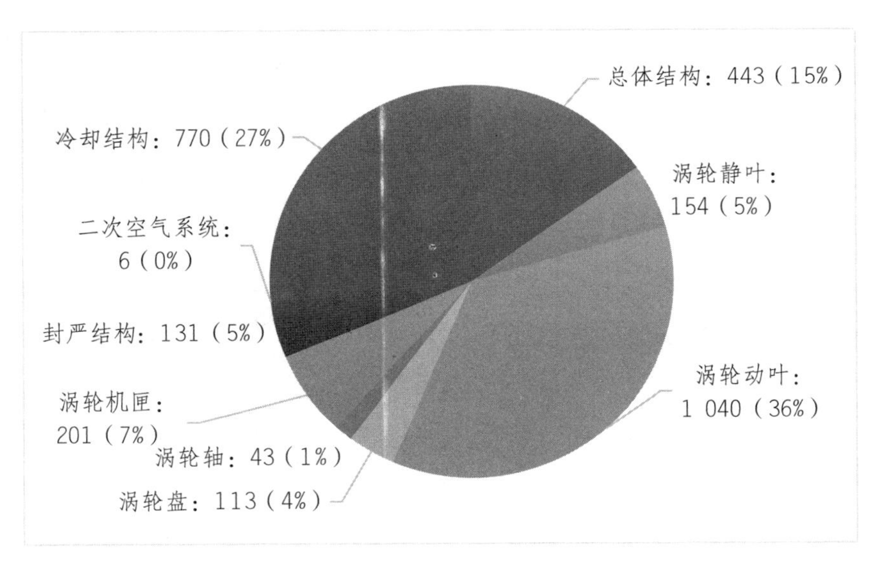

图 4-21　通用电气公司涡轮技术专利技术构成

4.3.5.3 罗罗公司申请趋势

从图 4-22 上可以看出，在 1997 年以前大部分年份罗罗公司专利申请数量每年都在10件以下，只有1972年以及1979—1982年间专利申请数量突破10件达到20件左右。1980年左右英国与阿根廷关于马尔维纳斯群岛的领土主权问题产生重大分歧，加大了这段时间内英国政府对于罗罗公司飞机发动机的需求，使得1980年附近专利申请数量出现了一波小的高潮。1997年以后，专利申请数量总体上呈现加速上涨的趋势，并在2013年突破了70件，之后总体上维持在70件左右。随着冷战结束，从20世纪90年代后期开始全球经济得到快速发展，经济全球化成为主流，这个时期英国的经济水平逐步提高，政府加大了对于罗罗公司发动机的投资力度，使得1997年以后专利申请数量逐年递增。

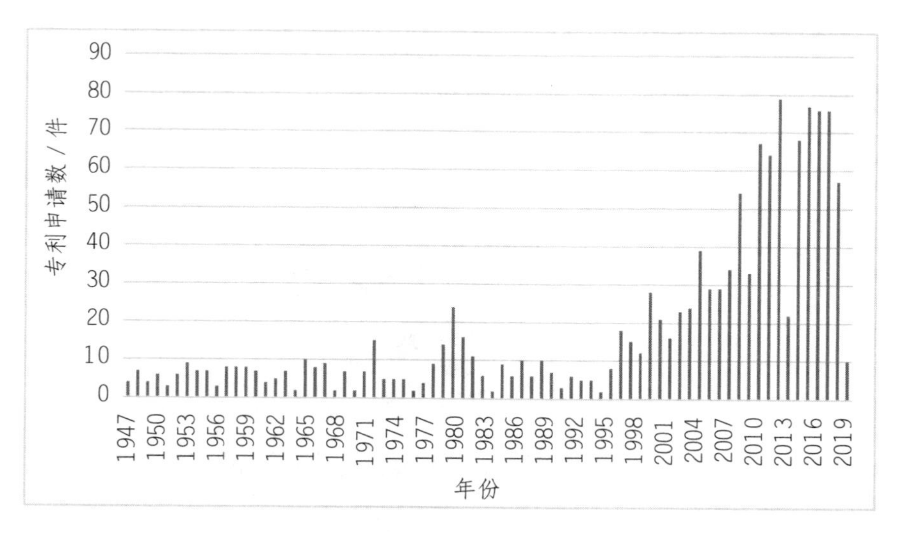

图4-22 罗罗公司涡轮技术专利申请趋势

4.3.5.4 罗罗公司技术构成

从图4-23上可以看出，罗罗公司申请涡轮技术领域专利共分为9个类型，涡轮动叶的专利申请占据绝对的数量优势，数量达到392件，占比为30%；其次是总体结构和冷却结构，这两种类型的专利申请数量不相上下，分别为238和227件，占比分别为18%和17%。涡轮盘、封严结构以及涡轮机匣专利申请数量较少，分别为 99、90 和 84 件，占比分别为 8%、7%、6%；专利申请数量最少的类型是涡轮轴和二次空气系统，分别为 54 和 13 件，占比分别为 4%、1%。

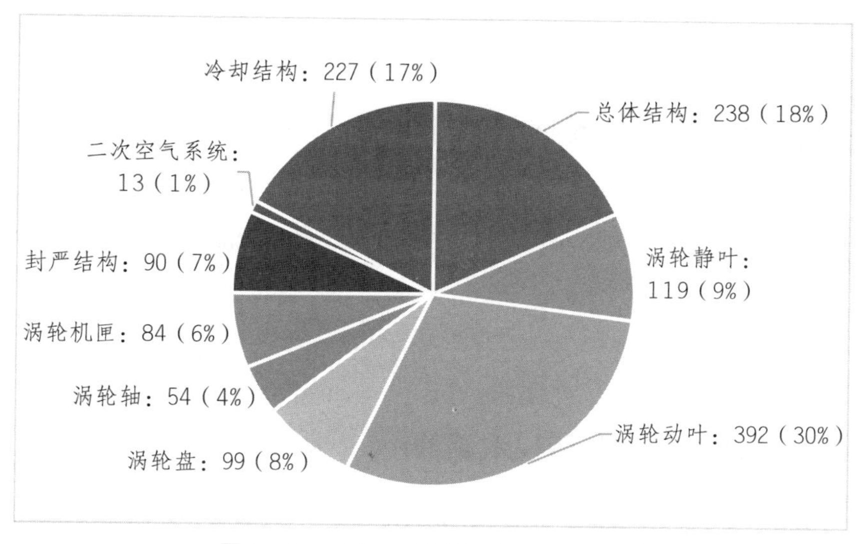

图 4-23　罗罗公司涡轮技术专利技术构成

5 涡轮动叶专利分析与侵权预警

涡轮动叶的主要研究内容有：动叶结构、材料和涂层三大类。

5.1 涡轮动叶专利技术路线

根据图 5-1 的涡轮动叶技术路线图可见从 1974 年到 2017 年，涡轮动叶的发展可分为以下三个阶段：

第一阶段：1942 年到 1986 年，这段时期是涡轮动叶发展的起步阶段。

这段时间国际上关于涡轮动叶的专利整体较少，其中美国、英国和法国申请的专利占大部分，德国和加拿大也申请有部分专利，除此之外中国、日本等国家也有申请极个别的专利。由于这段时间材料和涂层技术尚未完全发展，其专利内容主要是对动叶结构进行改进，包括改变叶型和加入新型结构两大类。其中，1942 年英国申请了世界上第一个关于转子组件的专利，专利申请号为 GB4205653，主要内容是详细介绍了一种转子组件，转子和涡轮盘通过可从压缩机的远端进入的方式固定在一起。经过 30 年左右的发展，英国申请了利用片材金属进行涡轮表面涂层的相关专利，专利申请号为 GB7432124。除了英国之外，在这一时期，

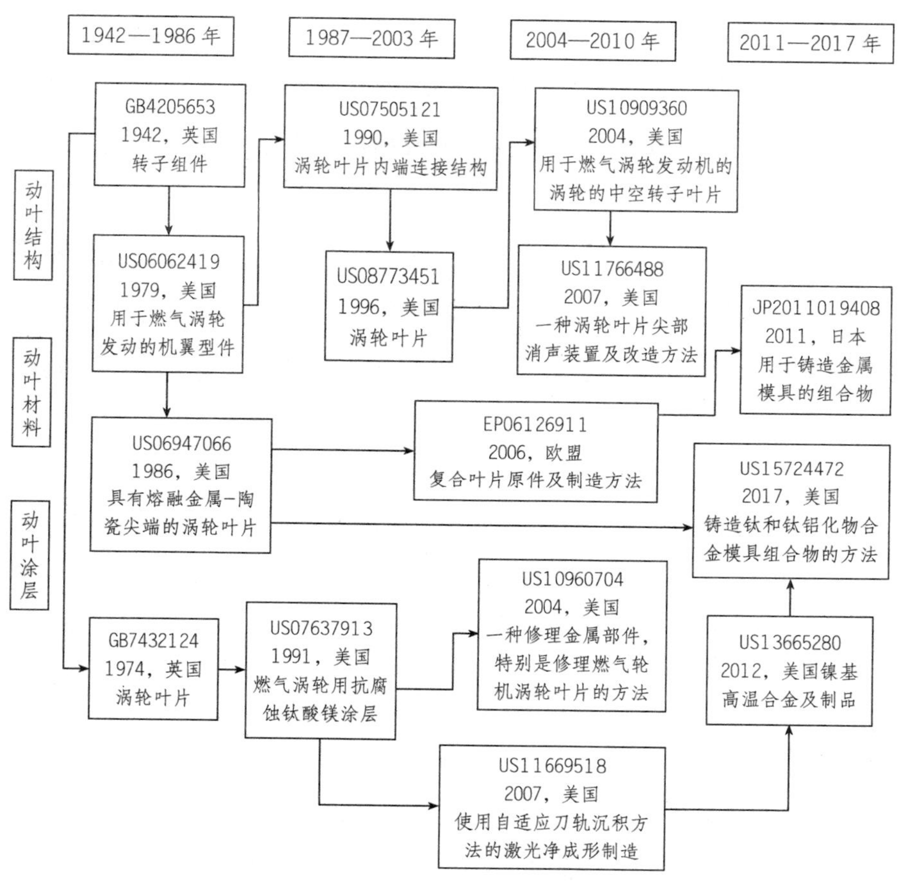

图 5-1　涡轮动叶技术路线图

美国申请了一种用于燃气涡轮发动机的叶片或叶片结构专利，专利申请号为 US06062419，其内部的空腔是用陶瓷芯形成的，陶瓷芯借助于限定空间一次形成。在一段时间之后，美国申请了一种具有熔融高温合金基体和均匀分布陶瓷颗粒研磨材料尖端的燃气涡轮发动机叶片，专利申请号为 US06947066，具有熔融金属 – 陶瓷尖端的涡轮叶片基体具有良好的冶金结构，其特征在于细小的枝晶和原始粉末金属结构的残余。

第二阶段：1987 年到 2003 年，这段时期是美国涡轮动叶技术快速发展时期，其研究最多的是对动叶结构的设计与优化。

在这段时期，共申请涡轮动叶相关专利 181 项，其中美国有 62 项，占比达三分之一，在这 62 项中关于动叶结构设计与优化的有 46 项。在 1990 年，美国申请了一种涡轮叶片内端连接结构专利，专利申请号为 US07505121，其是一种具有外部环形涡轮转子的燃气涡轮发动机，外部环形涡轮转子可相对于内部环形涡轮转子反向旋转，此专利创新地提出了一种新型涡轮结构，对涡轮结构的发展具有重要的意义。在同一时期的 1991 年，美国申请了一种燃气涡轮用抗腐蚀钛酸镁涂层专利，专利申请号为 US07637913，其提供了一种陶瓷保护涂层系统及其涂覆方法，该陶瓷保护涂层系统及其涂覆方法用于高温合金基础金属涡轮机部件，该高温合金基础金属涡轮机部件可以经受很高的排气温度，并且可以使用在由于燃烧形成腐蚀性化合物排气的腐蚀性流体环境中，对延长涡轮使用寿命、提高涡轮工作稳定性具有重要意义。在 1996 年，美国申请了一种带有冷却通道的涡轮叶片专利，专利申请号为 US08773451，该涡轮叶片包括翼型部分，翼型部分在压力侧具有用于侧壁冲击冷却的双壁结构和沿着叶片吸入侧的蛇形多通道。双壁结构使冷却膜在侧壁上的压力分布更加均匀，这有助于改善翼型部分的冷却。对于动叶材料的研究，在这一时期并没有得到有效的提升，依旧是上个时期所使用的熔融金属以及陶瓷的尖端叶片。

第三阶段：2004 年到 2010 年，这段时期是各个国家涡轮动叶急速发展的时期。

此阶段总共申请涡轮动叶专利 490 项，其中美国申请 125 项，日本申请 106 项，欧盟各国申请 92 项，其余为其他国家所申请。日本和欧盟是在这个时期才开始迅速发展，并且对关键技术有所突破的。在 2004 年，美国申请了一种用于燃气涡轮发动机的涡轮的中空转子叶片专利，专利申请号为US10909360，其包括内部冷却通道，位于叶片尖端处并由端壁和边缘限定的开口空腔，以及将内部冷却通道连接到压力壁外表面上的冷却通道，使得冷却通道的位置在轮缘的顶部附近，并且不会降低叶片的尖端的机械强度。在同一年，美国还申请了一种修理燃气轮机涡轮叶片的方法专利，专利申请号为US10960704，其利用耐磨层对动叶进行修补。同一年中，美国同时对动叶结构和涂层进行了技术突破，对于动叶的效率，可靠性和寿命都有所提升，具有重要的意义。之后，在2007年，美国在之前的基础上对动叶结构和涂层又有了相应的技术突破，申请了一种涡轮叶片尖部消声装置及改造方法，专利申请号为US11766488，降低了涡轮动叶的噪声。同年申请了一种使用自适应刀轨沉积方法的激光净成形制造专利，专利申请号为US11669518，其为涡轮动叶涂层方法打开了新的道路，具有重要意义。欧盟在2006年申请了一种复合叶片元件及制造方法专利，专利申请号为EP06126911，其创新使用了翼型件和底座的复合材料层，对以后涡轮材料的研究具有重要指导意义。

第四阶段：2011年到2017年，此阶段主要是对涡轮材料和涂层进行了相关技术突破。

由于之前对涡轮动叶结构进行了大量的研究，此阶段虽然关于涡轮动叶结构申请的专利较多，但是并没有重大的技术突破。而对于涡轮材料和涂层技术，在这个时期有所突破。2011年日本申请了一种用于铸造金属模具的组合物专利，专利申请号为：JP2011019408，其提供了一种陶瓷组合物，并详细介绍了其成分，用于铸造气体涡轮发动机的涡轮叶片。次年，美国申请了一种镍基高温合金及制品专利，专利申请号为US13665280，其提供了一种镍基高温合金组合物的具体组分和含量，可用于单晶或定向凝固的高温合金制品，例如燃气涡轮发动机的叶片、喷嘴、护罩、防溅板和燃烧室，对于未来对涡轮动叶材料的研究有着重要的意义。关于涡轮动叶涂层，2017 年美国申请了一种铸造钛和钛铝化物合金模具组合物的方法专利，专利申请号为 US15724472，其涉及模塑组合物、本征表面涂层组合物、铸造含钛制品的方法，以及如此模塑的含钛制品，对于未来涡轮动叶涂层的发展有着重要的影响和意义。

5.2 核心专利与风险规避

本小节根据涡轮动叶的技术功效矩阵图进行专利侵权风险的预测，并结合相关的专利规避具有高侵权风险的核心技术专利。

在涡轮技术的相关专利内容中，对涡轮动叶主题进行检索得到原始专利数据，然后进行技术功效划分，依据涡轮封严技术的技术效果（提高动叶寿命、提高动叶效率、提高动叶可靠性、降低涡轮动叶流动损失、降低涡轮动叶的热应力）和技术手段（对提升材料、改变叶型、加入新型结构、对动叶进行涂层、优化涡轮动叶冷却结构布置方式）绘制功效矩阵图，准确的分类可以保证专利分析效果的准确性。在绘制好功效矩阵图之后可以从多维度看出每个技术点的专利申请趋势。得到的涡轮动叶的技术功效矩阵图如图 5–2 所示。

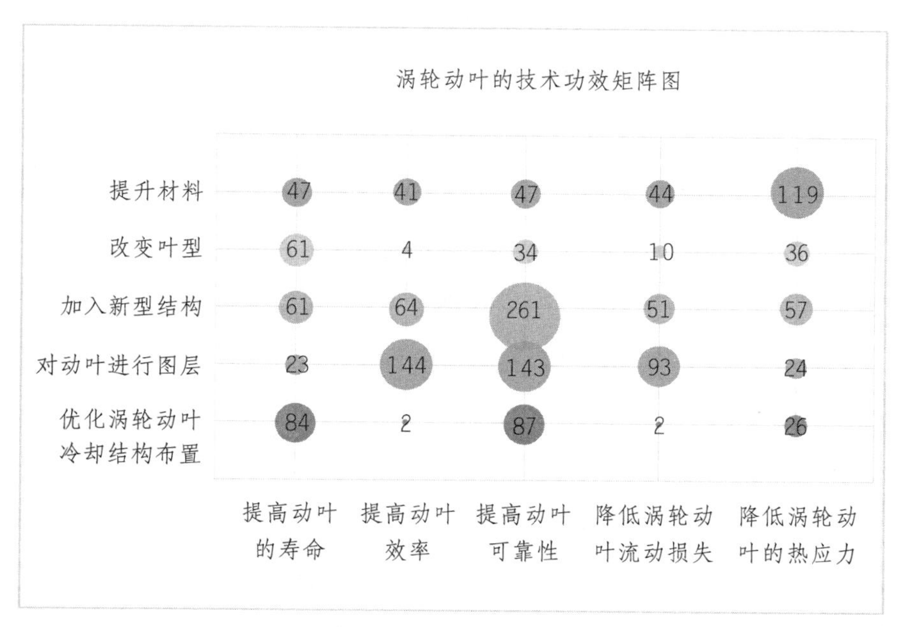

图 5-2　涡轮动叶技术功效矩阵图

涡轮动叶技术功效矩阵如图 5-2 所示，涡轮动叶主要通过提升材料、加入新型结构、对动叶进行涂层来提高动叶的寿命、效率、可靠性和降低涡轮动叶热应力。通过对动叶进行涂层，来提高动叶效率及可靠性的专利申请量较高；通过加入新型结构来提高动叶可靠性方面申请的专利最多；关于降低涡轮动叶的热应力，其研究主要是在于提升涡轮动叶材料；对于优化涡轮动叶冷却结构布置和改变叶型，其申请专利主要是为了提高动叶寿命和可靠性，以及降低涡轮动叶的热应力，只有少数是为了提高动叶效率和降低涡轮动叶流动损失。

由涡轮动叶技术功效矩阵图 5-2 也可以看出，涡轮动叶在降低流动损失等方面还可以做进一步研究。例如，可利用遗传算法等多目标算法对涡轮动叶叶型进行多目标优化，降低涡轮通道内涡流的产生以及气体的阻塞和回流，或者对动叶表面粗糙度进行优化，降低粗糙度，从而降低涡轮动叶的流动损失以提高涡轮效率。

除此之外，从涡轮动叶的技术功效矩阵图 5–2 可以看出，对涡轮动叶的研究相对于其他技术难点的研究相对较多，对于涡轮动叶技术，主要是通过提升材料、改变叶型、加入新型结构、对动叶进行涂层、优化涡轮动叶冷却结构布置等几种方式进行对燃气轮机涡轮动叶的寿命、效率、可靠性，以及降低涡轮动叶流动损失、降低涡轮动叶的热应力等几个指标进行优化。根据技术功效矩阵图的数据可以看出，对于涡轮动叶的核心技术主要是围绕着加入新型结构、提升动叶叶片材料以及优化涡轮动叶冷却结构布置的角度进行，而改变叶型、对动叶进行涂层由于受到本身结构优化以及耐高温涂层的发展水平的限制，在这两个角度的研究数量较少。通过加入新型结构、提升动叶叶片材料以及优化涡轮动叶冷却结构布置可以同时在多个指标上获得优化的效果，所以这三个方向是改善涡轮动叶性能的热点方向。对于改变改变叶型，其主要功效是提高动叶效率，此方面也是涡轮动叶研究的热点。对于对动叶进行涂层这个技术点，由于其受到耐高温涂层的发展限制，其自身研究的热度也并不是很高，所导致的侵权现象也不会很明显。

下面依据技术路线图的三个技术点对专利风险规避做进一步分析。

5.2.1 涡轮动叶涂层

当所要申请的关于涡轮动叶的专利是通过优化涡轮动叶涂层来实现的时候，需要将研究对象的产品或方法技术分解并与相关专利的权项分解进行比较，进而判断风险等级。除了明确自己所要申请的专利的技术或方法的创新点以外，还需要对相关的核心专利进行权项分解，下面以某一核心专利为例进行权项分解。

英国 1974 年申请的专利“涡轮叶片”，专利申请号 GB7432124，发明人为 Clayton Merrill Grondahl 等人，专利生效日期为 1977 年 5 月 11 日。

该专利涉及一种涡轮叶片。专利内容是为冷却涡轮叶片冷却通道提供冷却剂的系统，在一定程度上是由附件的类型来确保叶片的转子的冷却效果。专利整个系统的结构如图 5-3 ~ 5-5 所示。

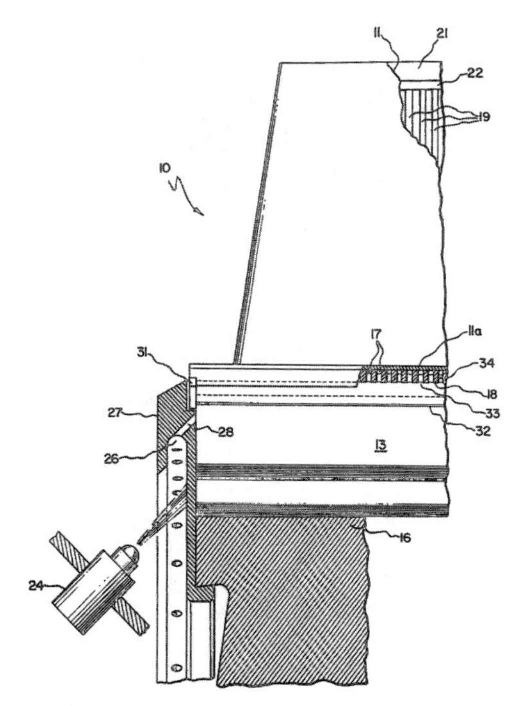

图 5-3　GB7432124 附图 1

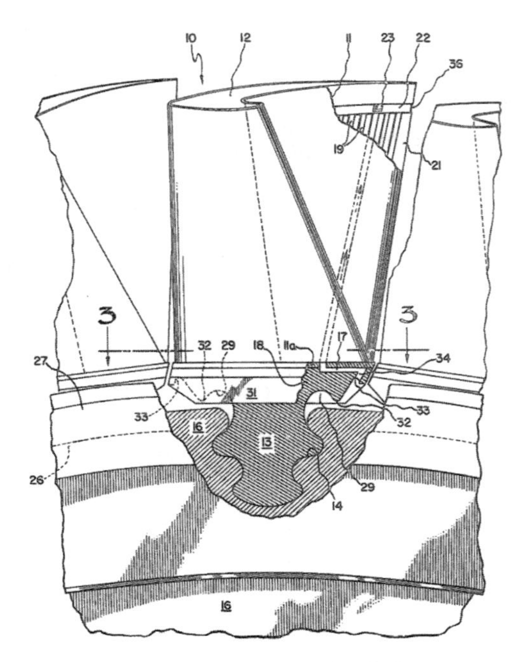

图 5-4 GB7432124 附图 2

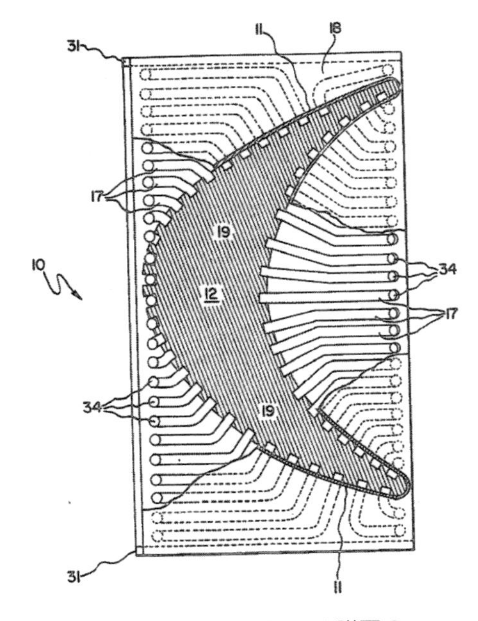

图 5-5 GB7432124 附图 3

该专利所介绍的一种燃气轮机叶片有一个机翼型的核心部分，有一个平台和一个燕尾根、凹槽，在平台的上表面和机翼形状核心部分的表面，被表皮材料覆盖，如钣金，通过焊接来安装冷却槽，通过缝隙孔来排出安装造成的颗粒物。通过平台的通孔来添加燃料。这些通孔从油箱到圆柱面的整个长度与加人燃料的凹槽相连接并且由平台底面的投影确定，延伸平行于楔形榫根部所形成。通过射流的方式，将液体冷却剂喷人与储层末端连通的轴向根部扣环的水槽中。冷却槽可以设置为曲折或螺旋结构。

此专利创新地使用了新型冷却管布置形式，通过射流的方式将冷却剂喷入涡轮叶片，可以提高冷却剂和涡轮动叶的换热效率，加快涡轮冷却，进而增加涡轮的使用寿命和效率。

这项专利是国际上首次使用中空冷却管路进行涡轮叶片冷却，为之后的研究奠定了基础。

下面对优化涡轮动叶涂层这一技术点进行专利的风险规避分析，对于涡轮动叶涂层来说，这一部分的相关专利的技术点主要有利用耐高温金属进行涂层、利用耐高温陶瓷进行涂层、进行冷却涂层、绝缘涂层等几个专利权项技术，可将相关专利进行权项分解表示为 $aA+bB+cC+dD$ 的形式，当相关专利中的技术点含有利用耐高温金属进行涂层时 $a=1$，当不含有利用耐高温金属进行涂层时 $a=0$；当相关专利中的技术点含有利用耐高温陶瓷进行涂层时 $b=1$，当不含有利用耐高温陶瓷进行涂层时 $b=0$；当相关专利中的技术点含有进行冷却涂层时 $c=1$，当不含有进行冷却涂层时 $c=0$；当相关专利中的技术点含有绝缘涂层时 $d=1$，当不含有绝缘涂层时 $d=0$。所以对于该专利的权项分解为 $A+C$，若一个新的研究对象的产品或方法技术分解为 $A+C$ 时，技术特征完全相同，判定为存在高风险；若一个新的研究对象的产品或方法技术分解为 $A+C+X$ 时（X 为

除 A、C 外的某一技术特征），产品或方法比相关专利增加一项或以上的技术特征，判定为存在高风险；若一个新的研究对象的产品或方法技术分解为 $A+X$（X 为除 A、C 外的某一技术特征）时，X 和 C 可能具有非实质性区别，判定为存在中风险；若一个新的研究对象的产品或方法技术分解为 A 或 C 时，产品或方法比相关专利减少一项或以上的技术特征，判定为存在低风险。其他情况无侵权风险，当要进行相关专利申请时需要先阅读附表 1 中的核心专利，并归纳相关专利的权项分解，进行对比分析后再申请专利。

5.2.2 涡轮动叶结构

当所要申请的关于涡轮动叶技术的专利是通过改变涡轮动叶结构来实现的时候，需要将研究对象的产品或方法做技术分解并与相关专利的权项分解进行比较，进而判断风险等级。除了明确自己所要申请的专利的技术或方法的创新点以外，还需要对相关的核心专利进行权项分解，下面以某一核心专利为例进行权项分解。

美国 2004 年申请的专利“用于燃气涡轮发动机的涡轮的中空转子叶片”，专利申请号为 US10909360，发明人为美国 Jacques Boury 等人，专利生效日期为 2005 年 3 月 24 日。

此发明涉及一种中空叶片，其包括位于叶片尖端的内部冷却通道，此叶片是由端壁和边缘以及冷却通道包围的开放腔体，并且将内部冷却通道连接到压力壁的外表面上， 冷却通道倾斜于压力壁，以这种方式设计安装在靠近边缘顶部的压力壁外表面上。在沿压力壁的位置上，空腔的边缘和端壁之间存在材料的加固物，凭借上述所提到冷却通道在边缘附近安装被加宽的轮辋，可以在满足达到冷却效果的同时不降低叶片尖端的机械强度。具体图示见图 5–6~5–10。

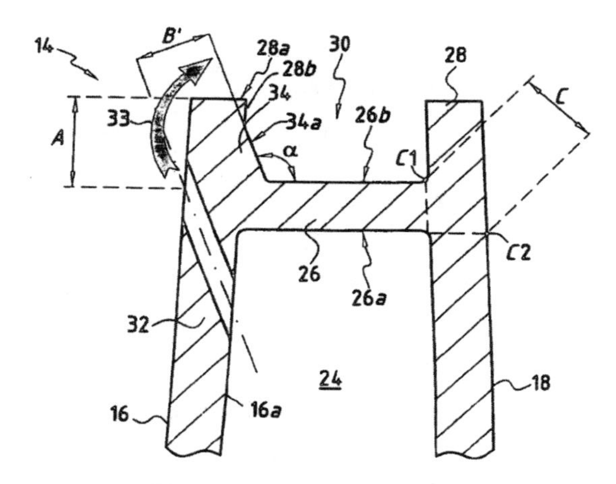

图 5-6 US10909360 附图 1

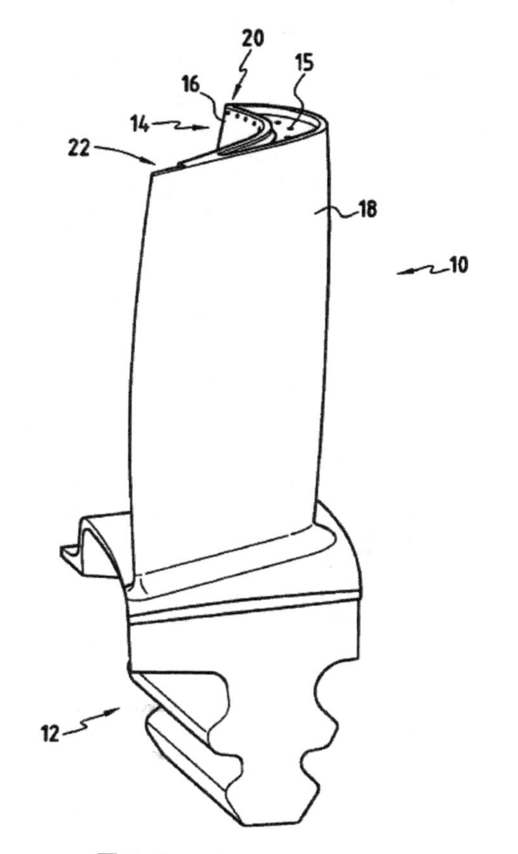

图 5-7 US10909360 附图 2

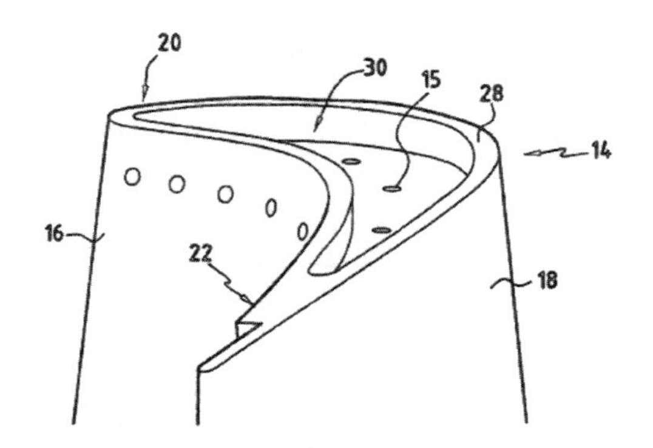

图 5-8　US10909360 附图 3

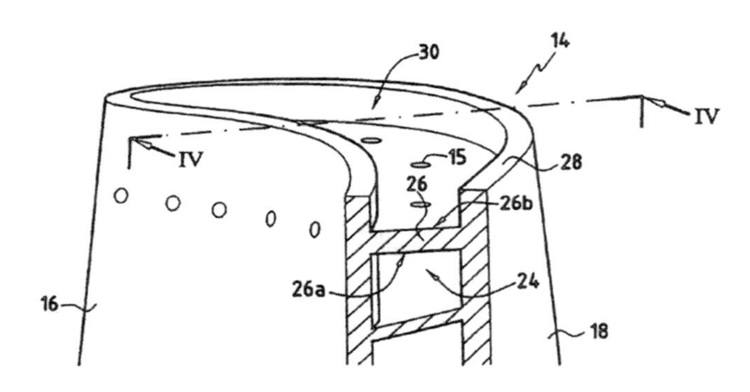

图 5-9　US10909360 附图 4

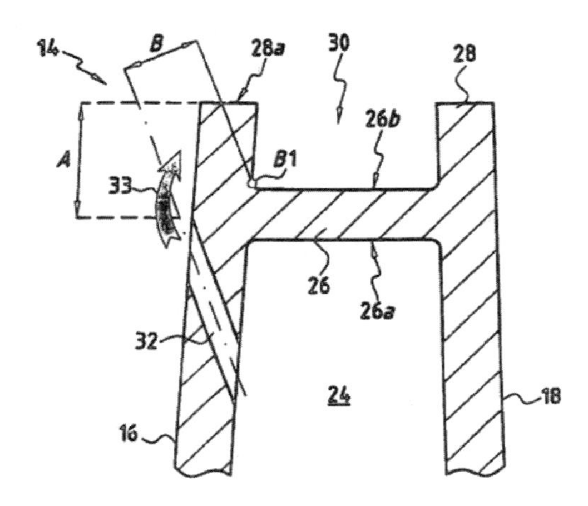

图 5-10　US10909360 附图 5

采用这种冷却通道的目的是冷却叶片的顶部，因为这种结构设置可以使一股冷却空气从内部冷却通道排出，朝压力壁外表面上端的叶片顶部流去。这种空气喷射产生了“热泵”，即通过金属壁核心的吸热来降低金属的温度，并形成一层冷却空气来保护压力侧的叶片尖端。由于这些叶片尖端处于高速高温的工作环境中，故对其的冷却很有必要，要使它们的温度保持在稳定工作时材料所能承受的温度以下。

下面对优化动叶结构这一技术点进行专利的风险规避分析，对于涡轮动叶结构来说，这一部分的相关专利的技术点主要有优化冷却通道、提高动叶强度、提高动叶效率、降低加工难度等几个专利权项技术，将相关专利进行权项分解表示为 $aA+bB+cC+dD$ 的形式。当相关专利中的技术点含有优化冷却通道时 $a=1$，当不含有优化冷却通道时 $a=0$；当相关专利中的技术点含有提高动叶强度时 $b=1$，当不含有提高动叶强度时 $b=0$；当相关专利中的技术点含有提高动叶效率时 $c=1$，当不含有提高动叶效率时 $c=0$；当相关专利中的技术点含有降低加工难度时 $d=1$，当不含有降低加工难度时 $d=0$。所以对于该专利的权项分解为 $A+B$，若一个新的研究对象的产品或方法技术分解为 $A+B$ 时，技术特征完全相同，判定为存在高风险；若一个新的研究对象的产品或方法技术分解为 $A/B+X$ 时，产品或方法比相关专利增加一项或以上的技术特征，判定为存在高风险；若一个新的研究对象的产品或方法技术分解为 $A/B+X$（X 为除 A、B 外的某一技术特征）时，X 和 A、B 可能具有非实质性区别，判定为存在中风险；若一个新的研究对象的产品或方法技术分解为 A 或 B 中的任意一个技术特征时，产品或方法比相关专利减少一项或以上的技术特征，判定为存在低风险。其他情况无侵权风险，当要进行相关专利申请时需要先阅读附表 2 中的核心专利，并归纳相关专利的权项分解，进行对比分析后再申请专利。

5.2.3 涡轮动叶材料

当所要申请的关于涡轮动叶技术的专利是通过提升涡轮动叶材料来实现的时候，需要将研究对象的产品或方法技术分解并与相关专利的权项分解进行比较，进而判断风险等级。除了明确自己所要申请的专利的技术或方法的创新点以外，还需要对相关的核心专利进行权项分解，下面以某一核心专利为例进行权项分解。

美国 2017 年申请的专利“铸造钛和钛铝化物合金模具组合物的方法”，专利申请号为 US15724472，发明人为美国通用电气公司 Bernard Patrick Bewlay 等人，专利生效日期为 2018 年 2 月 1 日。

此专利公开了一种涉及模塑组合物和模塑方法以及如此模塑的制品。更具体地说，此专利公开涉及模塑组合物、本征表面涂层组合物、铸造含钛制品的方法，以及塑型的含钛物品。具体图示如图 5-1~5-20 所示。

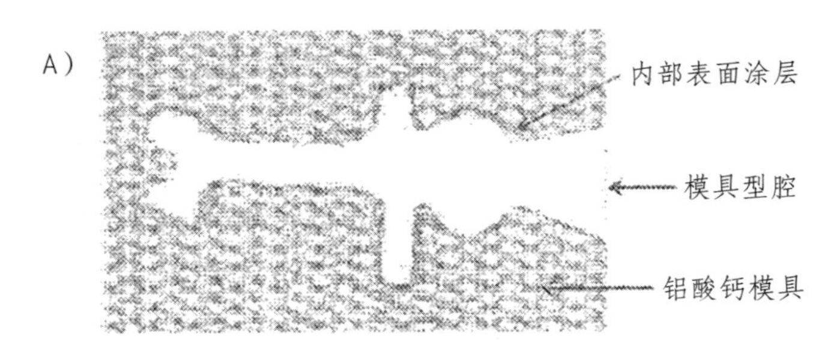

图 5-12　US15724472 附图 1

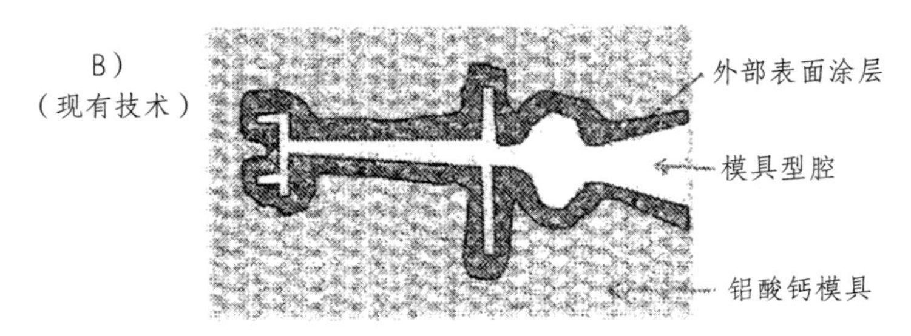

图 5-13　US15724472 附图 2

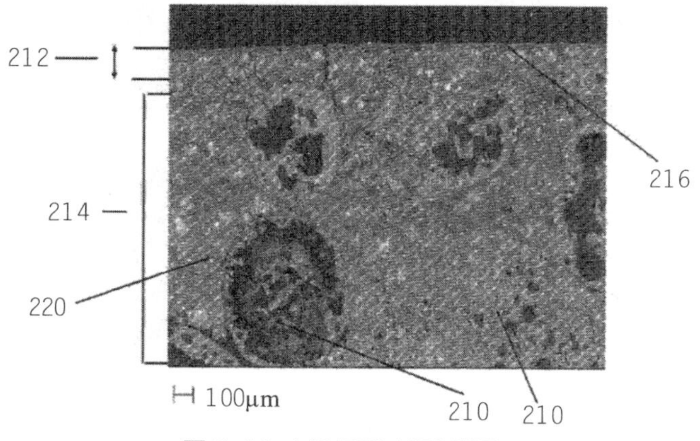

图 5-14 US15724472 附图 3

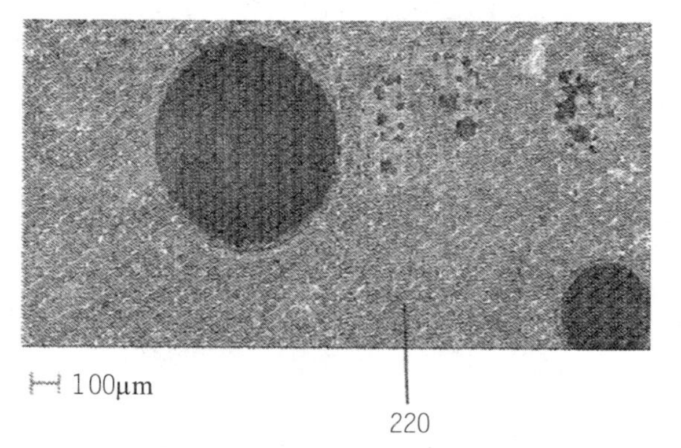

图 5-15 US15724472 附图 4

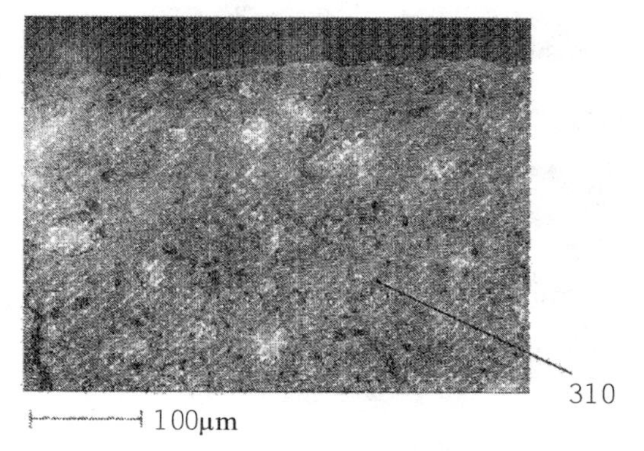

图 5-16 US15724472 附图 5

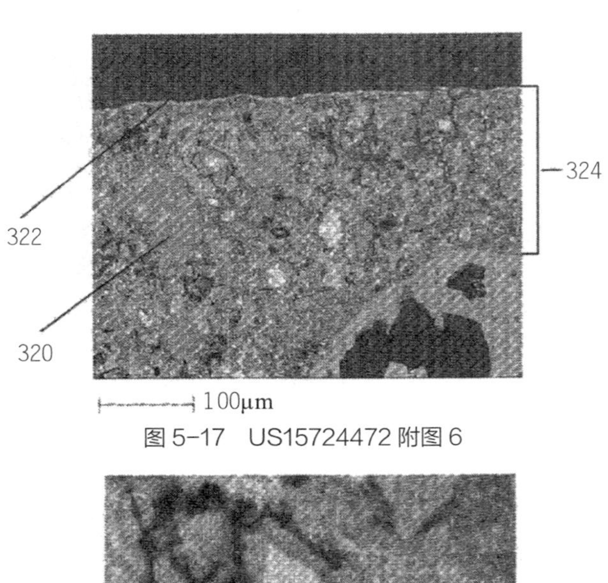

图 5-17　US15724472 附图 6

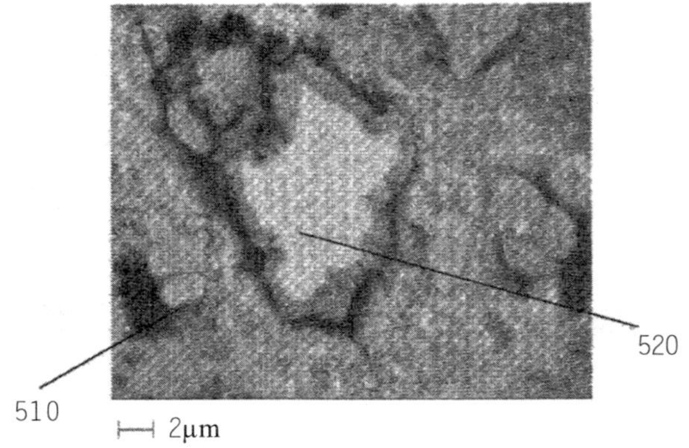

图 5-18　US15724472 附图 7

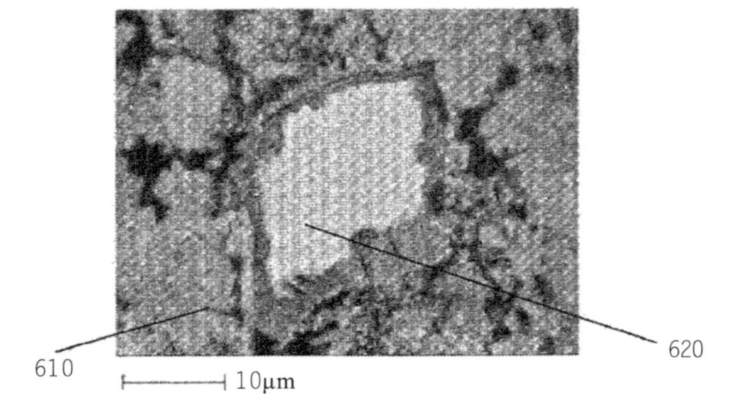

图 5-19　US15724472 附图 8

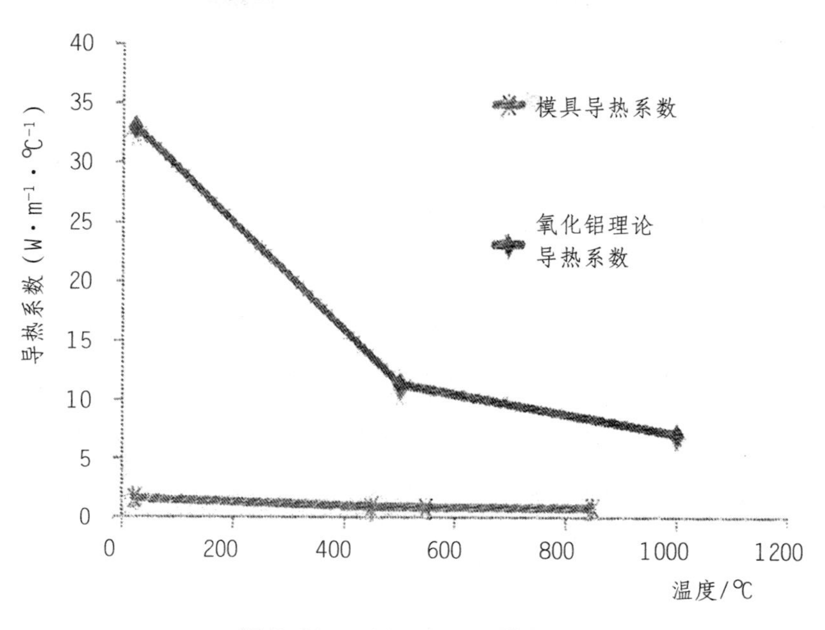

图 5-20 US15724472 附图 9

这项专利针对涡轮动叶材料和涂层分别进行了研究，给出了表面涂层组合物和铸造含钛制品的方法，增加了涡轮动叶的使用寿命和可靠性，为未来涡轮动叶的发展提供了基础和研究方向。

下面对通过提升动叶材料方式这一技术点进行专利的风险规避分析，对于涡轮动叶来说，这一部分的相关专利的技术点主要有利用高温合金进行材料优化、利用新型陶瓷进行材料优化、利用组合材料进行材料优化等几个专利权项技术，将相关专利进行权项分解表示为 $aA+bB+cC$ 的形式。当相关专利中的技术点含有利用高温合金进行材料优化时 $a=1$，当不含有利用高温合金进行材料优化时 $a=0$；当相关专利中的技术点含有利用新型陶瓷进行材料优化时 $b=1$，当不含有利用新型陶瓷进行材料优化时 $b=0$；当相关专利中的技术点含有利用组合材料进行材料优化时 $c=1$，当不含有利用组合材料进行材料优化时 $c=0$。所以对于该专利的权项分解为 $A+C$，若一个新的研究对象的产品或方法技术

分解为 $A+C$ 时，技术特征完全相同，判定为存在高风险；若一个新的研究对象的产品或方法技术分解为 $A+C+X$ 时（X 为除 A、C 外的某一技术特征），产品或方法比相关专利增加一项或以上的技术特征，判定为存在高风险；若一个新的研究对象的产品或方法技术分解为 $A+X$（X 为除 A 外的某一技术特征）时，X 和 C 可能具有非实质性区别，判定为存在中风险；若一个新的研究对象的产品或方法技术分解为 A 或 C 时，产品或方法比相关专利减少一项或以上的技术特征，判定为存在低风险。其他情况无侵权风险，当要进行相关专利申请时需要先阅读附表 3 中的核心专利，并归纳相关专利的权项分解，进行对比分析后再申请专利。

6 封严技术分析与侵权预警

密封问题的设计研究在科学和技术领域具有重要的意义，密封技术被广泛用于诸多的工业设备当中。由于燃气轮机等相关行业的不断发展，逐步地推着透平机械密封技术的不断发展，先进的转子和静子之间的旋转密封技术可以显著地提高透平机械的工作效率和可靠性。涡轮作为透平机械的主要组成部件，密封性能的改进将直接影响到透平机械的效率和燃料的消耗水平。

6.1 封严专利技术路线

涡轮封严结构的技术手段主要研究内容有：封严结构、封严方式和对存在泄露的部位进行涂层三种主要的技术手段。根据图 6–1 涡轮封严结构技术的技术路线图可以看出从 1957 年到 2019 年，涡轮封严技术的发展主要分为四个阶段。

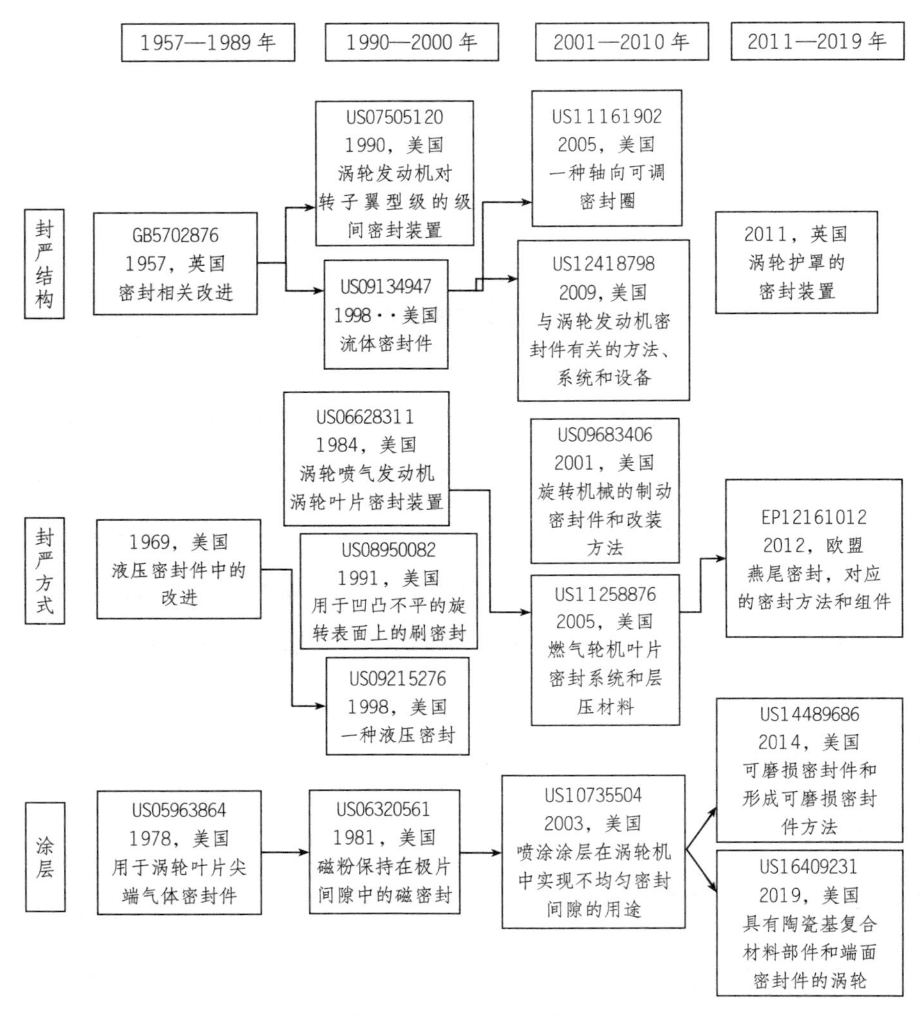

图 6-1　封严专利技术路线图

第一阶段：1967—1989 年，在 1967 年之前虽然也存在着少量的关于涡轮封严结构的专利，但是并未受到业内的过多关注，从 1967 年开始涡轮的封严结构技术正式进入起步阶段。

涡轮封严结构相关的专利在这段时间是相对较少的，其中罗罗公司在这方面的研究起步较早，申请相关技术专利的国家主要有英国、美国和德国等几个国家。其他的一些专利的申请主要来源于日本、法国、中国和意大利等一些国家。这40年是全世界科技大发展的阶段，涡轮的封严结构的相关技术方面主要体现在结构、理论和材料的发展，对燃气轮涡轮技术的发展带来的新的生命力，同时由于燃气轮机整体结构的复杂程度极大，这就导致了对于燃气轮机的涡轮封严技术来说所能更改的角度不多。在这一阶段就涵盖了后续基本所有专利的雏形，通过不断地完善和创新来提高涡轮封严结构的密封效果。其中有代表性的是1957年，英国申请的关于涡轮密封的迷宫式密封的相关专利，申请号为GB57028761。专利的主要内容是提出了一种密封结构，防止通过一个部分延伸到另一个部分的相对旋转部件之间的间隙空间泄漏，通过使用波形管形成耗散空腔将压力能与动能转化，逐渐降低泄露流的压力达到密封的效果。在1969年，美国提出了液压密封件结构改进的相关专利，申请号为GB6962167，专利的主要内容是通过在转子和静子之间的通道缝隙的空腔内部注入液体控制液体两侧的压力达到压力平衡的效果，防止漏气。在后续几年的发展中，随着材料方面取得一些成果之后与涡轮密封结构形成了学科交融，在1978年美国申请了用于涡轮叶片尖端的气体密封件，申请号为US05963864，专利的主要内容为通过改进的磨料尖端提供了固定部件和活动部件之间的改进的气体密封，尖端部分与凸起物的金属体黏结并沉积于内尖端部分，以实现防止叶顶泄露的问题。

第二阶段是从1990年到2000年，在这一阶段过程中，涌现出了多种新型的涡轮封严技术的形式，同时在涡轮封严结构和封严方式两个方面的研究成果相比涂层技术要多一些。

在这一阶段中，关于涡轮封严技术的专利总共有74项，其中在美国申请的专利多达22项，在英国申请的专利达11项。在涡轮封严结构的改进方面主要有以下几个代表专利。

在 1990 年，美国申请了涡轮发动机对转子翼型级的级间密封装置，申请号为 US07505120，专利的主要内容是提及了一种内部的蜂窝阻尼的密封装置，在原有的迷宫式密封的基础上又加入了蜂窝密封结构，在减少轴部转子与静子之间的流体泄露的同时又减少了叶顶处的泄露，蜂窝密封安装在静止的部件上，通过蜂窝阻尼密封与转动部件的界面一起构成密封结构。

在 1998 年美国申请了一种关于流体密封件的专利，申请号为 US09134947，专利的主要内容为在涡轮转子盘和相邻的静态结构之间设置环形密封。该密封包括从用于旋转的涡轮盘延伸出来的转子翅片和转子翅片径向向外的可磨损蜂窝状层。可磨损的蜂窝层位于与静态结构相连的密封圈的内径上。密封圈是轴向移动的，因此在运行中，蜂窝有一个轴向位置用于瞬态工况，另一个轴向位置用于稳定运行。因此，密封间隙可以在两个轴向位置发生改变时，减少通过密封的泄漏流量。关于涡轮密封的封严方式的专利内容主要有以下几个代表专利，在 1984 年美国申请了一个关于涡轮喷气发动机涡轮叶片密封装置的专利，申请号为 US06628311，专利的主要内容为一种用于在涡喷发动机的填料段和涡轮叶片尖端之间保持小的正间隙的密封装置。在填料段与内环和外环连接并连接到涡轮外壳上，内环的热膨胀系数大于外环，内外环受热变形程度不一样来移动以保持它们之间的间隙来防止泄露。

在 1991 年，美国申请了一种刷式密封的专利，申请号为 US08950082，专利的主要内容为一种刷式密封，用于具有固定构件和旋转构件的装置，包括密封元件和密封圈。密封元件包括多个刷毛，并连接到固定或旋转部件之一上。密封环可拆卸地连接到另一个固定或旋转部件上，与密封元件对齐。密封环可以很容易地从固定或旋转部件上拆卸下来，如果密封环受到密封元件的机械损坏，可以更换密封环。密封环将其自身连接到的固定或旋转部件与密封元件造成的机械损伤隔离开来。

在 1998 年，美国申请了一种液压密封的专利，申请号为 US09215276，该专利的主要内容为设计了一种用于提供燃气轮机两个同心轴之间的密封的液压密封，通过剪切销连接到其相关的轴，并在径向内外直径之间形成的空腔内注入油，形成油腔以达到内外压差平衡的目的，根据这种原理来防止同轴装置间隙的泄露。

在材料方面有一定发展之后，在 1981 年美国申请了一个关于磁粉保持在极片间隙中的磁密封，申请号为 US06320561，专利的主要内容为设计了一种用于旋转机械的密封，主要包括了连接到发动机外壳的两个极件，并将磁粉注入形成的腔室内，在永磁和电磁的作用下，通过补充磁粉的方式将间隙时刻保持在一个很小的程度来防止泄漏现象的存在。

第三阶段是从 2001 年到 2010 年，在这一阶段涡轮封严技术在各个方面上都有所进展。

在这一阶段中，关于涡轮封严技术的专利一共有 97 项，这一阶段的专利数量最多，在全部专利中美国的专利数量达到 30 个，在这个阶段日本发展迅速申请了多达 23 个专利，其他各个国家也都略有研究成果。

在涡轮封严结构方面，由迷宫式密封方式不断发展并取得了一些成果，在 2005 年美国申请了一种轴向可调密封圈的专利，申请号为 US11161902，专利的主要内容为一种用于涡轮外壳的密封圈，密封圈主要包括其上若干齿状的密封面、位于密封面内的轴向槽、用于定位在涡轮壳体内的封头部分以及用于通过轴向槽将密封面连接到封头部分的连接器，通过形成压力腔来逐级减少泄漏量。

在 2009 年美国提出了一种关于涡轮发动机密封件的方法、系统和设备，申请号为 US12418798，专利的主要内容为设计了一种新的防泄漏结构，在原有叶顶与机匣之间形成迷宫式密封的基础上，又在静子和涡轮盘的空腔处设计了一种钩状结构，涡轮盘的悬臂形成密封腔，又在动叶与静叶之间构建刀片和蜂窝结构的密封结构，更全面地实现了防止泄露的效果。在封严方式方面，2001 年，美国提出了一种旋转机械和制动密封件和改装方法，申请号为 US09683406，专利的主要内容为提供一种旋转机器的密封组件，密封装置由径向一个腔室和簧片组成，在流体入口流入流体介质时，该密封可在径向向内和径向向外两个方向的位置之间的移动，可以通过调整间隙来减少泄露量。在 2005 年，美国申请了一个关于燃气轮机叶片密封系统和层压材料的专利，申请号为 US11258876，专利的主要内容为一种包括层压材料的燃气涡轮发动机叶片容纳系统。层压材料包括第一和第二层。第二层包括相对于第一层横向延伸的多个可变形构件，每个可变形构件被包裹在可压碎的支撑材料中。可变形构件包括弹簧。第一层是第二层内的内层。第一层包括硬质材料用以钝化折断的刀片。第二层中的弹簧被压缩，第二层中的可压碎支撑材料被压碎，以吸收破碎叶片的能量，通过这种方式来实现防止泄露的效果。在材料涂层方面，美国于 2003 年提出了一种关于喷涂涂层在涡轮机中实现不均匀密封间隙的作用的专利，申请号为 US10735504，专利的主要内容为用于在叶轮机中实现圆周非均匀密封间隙的喷涂涂层。在燃气涡轮机中，用于装配具有椭圆形密封间隙的机器，以补偿预期的机匣畸变、转子动力学或导致周向不均匀的转子 – 定子摩擦的现象。在径向内表面上喷涂涂层，使涂层厚度沿圆周变化，在组装期间提供所需的不均匀转子定子间隙。

第四阶段是 2011 年到 2019 年，在这一阶段涡轮密封技术持续发展，同时由于知识产权意识的不断提高，这一阶段申请的专利越来越多，但是这一阶段中的核心专利却数量极少，在各方面的大跨步的创新专利数量并不多。在这一阶段中，关于涡轮封严技术的专利一共有 114 项，其中以美国、欧洲和中国为主。

在涡轮密封结构方向，英国在2011年申请了一种涡轮护罩的密封装置，申请号为GB1106682，专利的主要内容为设计了一种用于燃气涡轮发动机的涡轮机罩密封装置，包括弓形罩部分，该弓形罩部分包括低延展性材料。在护罩段的第一和第二端面之间延伸的壁，密封组件包括一个或多个花键密封，通过花键来密封分段的涡轮机护罩。

在涡轮封严方式方面，欧盟在2012年申请了一种关于燕尾密封、对应的密封方法和组件的专利，申请号为EP12161012，专利的主要内容为一种燕尾密封，设计的结构主体包括与涡轮叶片燕尾榫中的密封槽互补的U形弯曲，通过燕尾和U形槽构成的流动腔实现了防止泄露的效果。在涂层方面，由于新材料在21世纪快速发展的原因，涡轮封严技术在涂层方面得到了很大的发展。在2014年，美国申请了一种可磨损密封件和形成可磨损密封件方法的专利，申请号为US14489686，专利的主要内容为一种可磨损的密封件，具有金属基底和在金属基底上的多层陶瓷涂层，多层陶瓷涂层包括沉积在金属基底上的基础层、覆盖第一层的可磨耗层和覆盖第二层的磨耗层，通过磨合形成满配合来防止液体从缝隙中泄露。

6.2 核心专利与风险规避

本节根据封严结构的技术功效矩阵图进行专利侵权风险的预测，并结合相关的专利规避具有高侵权风险的核心技术专利。

首先在涡轮技术的相关专利内容中，对涡轮封严技术主题进行检索得到原始专利数据，然后进行技术功效划分，依据涡轮封严技术的技术效果（提高涡轮效率、提高结构可靠性、提高封严效率、提高封严结构寿命、改善冷却效率）和技术手段（对封严结构进行涂层、改变封严方式、优化封严结构、优化进气方式）绘制功效矩阵图，准确的分类可以保证专利分析效果的准确性。在绘制好功效矩阵图之后可以从多维度看出每个技术点的专利申请趋势。得到的涡轮封严结构的技术功效矩阵图如图6-2所示。

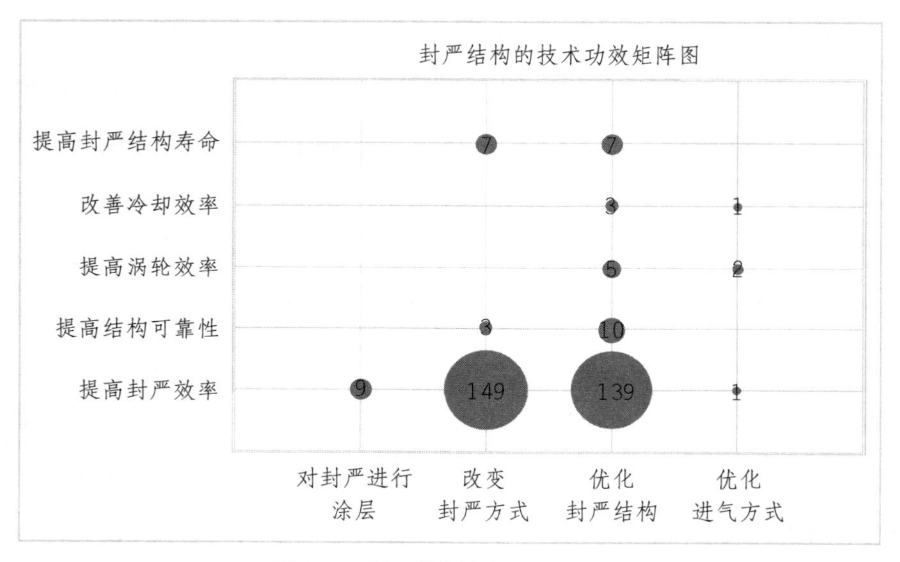

图6-2　封严结构技术功效矩阵图

从封严结构的技术功效矩阵图6-2可以看出，对涡轮密封的研究相对于其他的技术难点相对较少，对于涡轮的封严结构技术主要是通过改变封严方式、优化进气方式、优化封严结构和对封严进行涂层等几种方式对燃气轮机的涡轮部件的冷却效率、封严结构的寿命、封严效率、结构的可靠性和涡轮效率等几个指标进行改善。根据技术功效矩阵图的数据可以看出，对于涡轮的封严结构的核心技术主要是围绕着改变封严方式以及优化封严结构的角度进行的，而进气方式由于受到本身结构的复杂性限制，在这个角度的研究数量较少，对封严进行涂层的新技术数量不多，这与国内的材料的发展速度相关，学科的交叉融合会在未来带来新的生命活力。通过改变封严方式和封严结构可以同时在多个指标上获得优化的效果，所以改变封严方式是改善涡轮密封的一个热点方向。对于改变封严方式和优化封严结构这两个技术点，其自身研究的热度导致了其容易产生高风险等级的侵权现象。

下面将会依据技术路线图的三个技术点进行对专利风险规避的进一步分析。

6.2.1 涡轮封严结构

当所要申请的关于涡轮封严技术的专利是通过优化封严结构来实现的时候，需要将研究对象的产品或方法技术分解并与相关专利的权项分解进行比较，进而判断风险等级。除了明确自己所要申请的专利的技术或方法的创新点以外，还需要对相关的核心专利进行权项分解，下面以某一核心专利为例进行权项分解。

美国 1998 年申请专利“流体密封件”，专利申请号为 US09134947，申请人为 Rolls–Royce plc（罗罗公司）等人，专利生效日期为 2000 年 9 月 12 日。

该专利提及一种位于涡轮转子的涡轮盘和静子之间的密封结构，通过翅片与可磨损的蜂窝结构来逐级减少泄漏量，结构的示意图如图 6–3 所示。

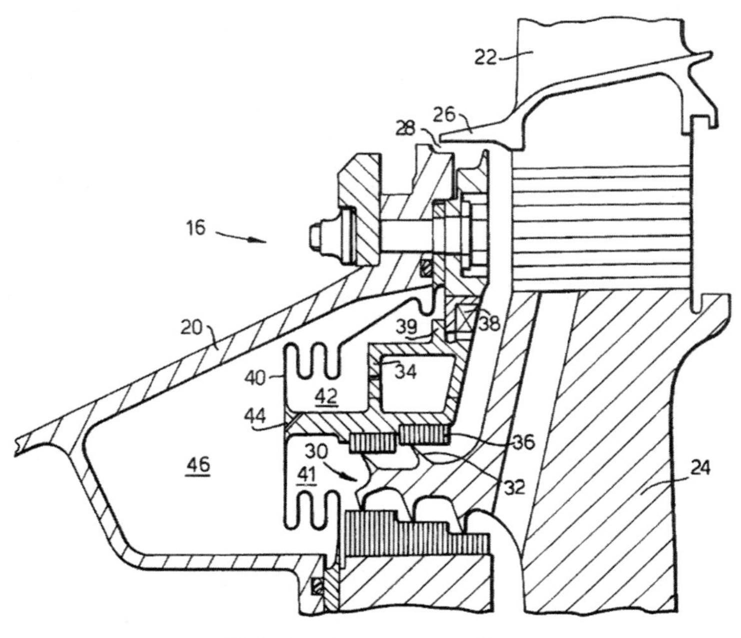

图 6-3　US09134947 附图

该专利的主要内容为，在涡轮转子盘和相邻的静态结构之间设置环形密封。该密封包括从涡轮盘延伸出来用于旋转的转子翅片，以及从转子翅片径向向外的可磨损蜂窝层。可磨损的蜂窝层位于附着在静态结构上的密封圈的内径上。密封圈在轴向可移动，因此在运行中蜂窝有一个轴向位置用于瞬态工况和一个替代轴向位置用于稳定运行。因此，密封间隙可以优化在两个轴向位置，通过密封减少泄漏流量。

尽管该专利描述的密封间隙是通过蜂窝的磨损来设置的，且还有一个特别的创新点，即蜂窝可以在不同的轴向位置给出所需的密封间隙。该专利中的密封提供了这样的优点：通过为瞬态条件选择一个轴向位置和为稳定运行选择一个可供选择的轴向位置，可以在每个轴向位置优化密封间隙，减少泄漏。

下面对优化涡轮的封严结构这一技术点进行专利的风险规避分析，

对于涡轮封严结构来说，这一部分的相关专利的技术点主要有特殊加装方式、特殊的密封原理、特殊的结构形式、特殊的封严结构的材料等几个专利权项技术，将相关专利进行权项分解表示为 $aA+bB+cC+dD$ 的形式。当相关专利中的技术点含有特殊的加装方式时 a=1，当不含有特殊加装方式时 a=0；当相关专利中的技术点含有特殊的密封原理时 b=1，当不含有特殊的密封原理时 b=0；当相关专利中的技术点含有特殊结构形式时 c=1，当不含有特殊结构形式时 c=0；当相关专利中的技术点含有特殊的封严结构的材料时 d=1，当不含有特殊的封严结构的材料时 d=0。所以对于该专利的权项分解为 $A+C$，若一个新的研究对象的产品或方法技术分解为 $A+C$ 时，技术特征完全相同，判定为存在高风险；若一个新的研究对象的产品或方法技术分解为 $A+C+X$ 时（X 为除 A、C 外的某一技术特征），产品或方法比相关专利增加一项或以上的技术特征，判定为存在高风险；若一个新的研究对象的产品或方法技术分解为 $A+X$（X 为除 A、C 外的某一技术特征）时，X 和 C 可能具有非实质性区别，判定为存在中风险；若一个新的研究对象的产品或方法技术分解为 A 或 C 时，产品或方法比相关专利减少一项或以上的技术特征，判定为存在低风险。其他情况无侵权风险，当要进行相关专利申请时需要先阅读附表 4 中的核心专利，并归纳相关专利的权项分解，进行对比分析后再申请专利。

6.2.2 涡轮封严方式

当所要申请的关于涡轮封严技术的专利是通过改变封严方式来实现的时候，需要将研究对象的产品或方法技术分解并与相关专利的权项分解进行比较，进而判断风险等级。除了明确自己所要申请的专利的技术或方法的创新点以外，还需要对相关的核心专利进行权项分解，下面以某一核心专利为例进行权项分解。

美国1997年申请专利“用于凹凸不平的旋转表面上的刷密封件”，专利申请号为US08950082，申请人为General Electric Company等人，专利生效日期为1999年8月24日。

该专利提出了一种刷式密封，可使透平机械的泄露损失大幅度降低，并改善转子的运行的稳定性，结构的示意图如图6-4~6-6所示。

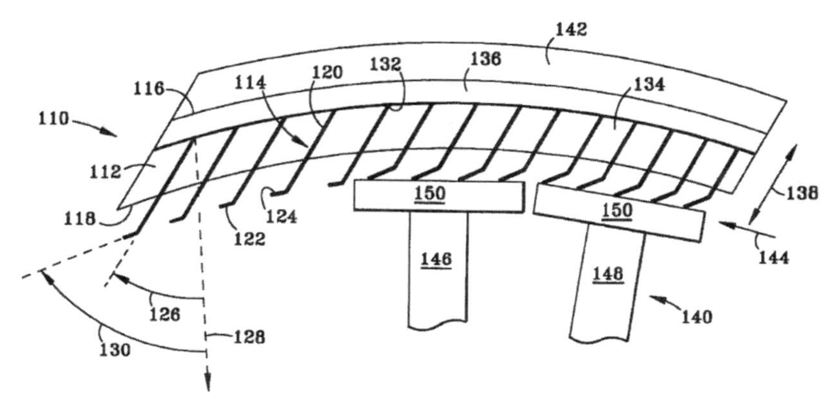

图6-4　US08950082附图1

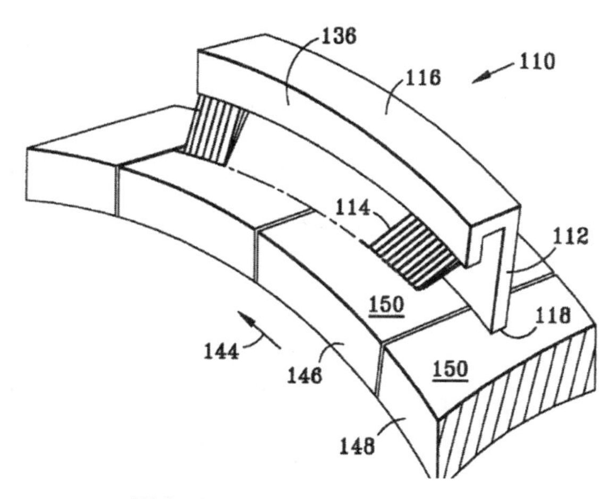

图6-5　US08950082附图2

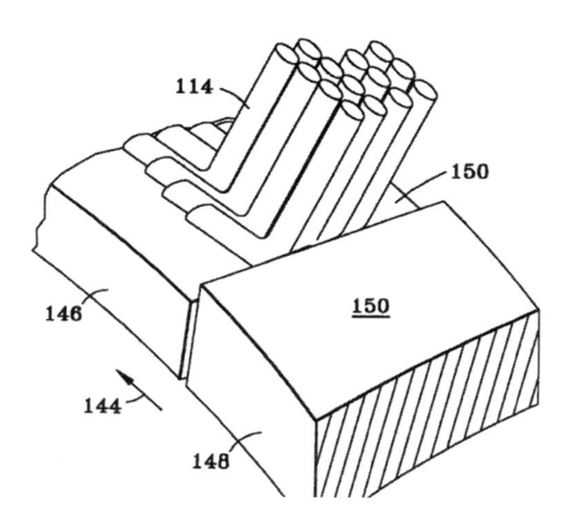

图 6-6　US08950082 附图 3

刷式密封是具有优良密封性能的接触式动密封，可使透平机械的泄漏损失大幅度降低，并改善转子运行的稳定性，刷式密封是由前夹板、刷丝束和后夹板三部分组成。刷丝束是由排列紧密的柔软而纤细的刷丝层叠构成。前夹板起到固定和保护刷丝束的作用。后夹板对刷丝束起到支撑的作用，使刷丝束在较大压差的作用下避免产生大的轴向变形，保持稳定的密封性能。刷丝束在安装时与转子具有微小的初始干涉量，因此气流只能通过刷丝间的微小孔隙泄漏通过，泄漏量极低。此外，刷丝束是沿着转子转动方向以一定倾斜角（30°~60°）与转子表面相接触的。

这种特殊的结构设计不仅可以有效地减缓刷丝的磨损速度，而且使刷丝束对转子的径向变形和偏心涡动有极强的适应性。在转子发生径向偏移时，刷丝束可以产生弹性退让，避免刷丝过度磨损，当转子从偏心位置恢复时，刷丝又会在弹性恢复力的作用下及时地跟随转子，从而保证良好的封严性能。即便是刷式密封经过长时间高频率与转子碰磨后形成永久性密封间隙，刷丝束也会在气动力的作用下向转子面移动，自动地减小或者关闭密封间隙，维持良好的封严性能，这称之为刷式密封的吹闭效应。此外，刷丝与转子具有一定倾角，还便于刷式密封的安装替换。

下面对改变涡轮的封严方式这一技术点进行专利的风险规避分析，对于涡轮封严方式来说，这一部分的相关专利的技术点主要有特殊加装方式、特殊的密封原理、特殊的结构形式、特殊的封严结构的材料等几个专利权项技术，将相关专利进行权项分解表示为 $aA+bB+cC+dD$ 的形式。当相关专利中的技术点含有特殊的加装方式时 $a=1$，当不含有特殊加装方式时 $a=0$；当相关专利中的技术点含有特殊的密封原理时 $b=1$，当不含有特殊的密封原理时 $b=0$；当相关专利中的技术点含有特殊结构形式时 $c=1$，当不含有特殊结构形式时 $c=0$；当相关专利中的技术点含有特殊的封严结构的材料时 $d=1$，当不含有特殊的封严结构的材料时 $d=0$。所以对于该专利的权项分解为 $A+B+C$，若一个新的研究对象的产品或方法技术分解为 $A+B+C$ 时，技术特征完全相同，判定为存在高风险；若一个新的研究对象的产品或方法技术分解为 $A+B+C+X$ 时（X 为除 A、B、C 外的某一技术特征），产品或方法比相关专利增加一项或以上的技术特征，判定为存在高风险；若一个新的研究对象的产品或方法技术分解为 $A+B+X$（X 为除 A、B 外的某一技术特征）时，X 和 C 可能具有非实质性区别，判定为存在中风险；若一个新的研究对象的产品或方法技术分解为 A、B 和 C 中的任意两个或一个技术特征时，产品或方法比相关专利减少一项或以上的技术特征，判定为存在低风险。其他情况无侵权风险，当要进行相关专利申请时需要先阅读附表 5 中的核心专利，并归纳相关专利的权项分解，进行对比分析后再申请专利。

6.2.3 涂层

当所要申请的关于涡轮封严技术的专利是通过涂层技术来实现的时候，需要将研究对象的产品或方法技术分解并与相关专利的权项分解进行比较，进而判断风险等级。除了明确自己所要申请的专利的技术或方法的创新点以外，还需要对相关的核心专利进行权项分解，下面以某一核心专利为例进行权项分解。

美国2014年申请专利“可磨损密封件和形成可磨损密封件方法”，专利申请号为US14489686，申请人为General Electric Company等人，专利生效日期为2016年03月24日。

该专利介绍了一种可磨损的密封件，具有金属基底和在金属基底上的多层陶瓷涂层。复涂陶瓷涂层包括沉积在金属基板上的基层、覆盖第一层的可研磨层以及覆盖第二层的研磨层。研磨层由研磨材料形成。该专利还公开了一种涡轮机系统和一种用于锻造可磨损密封的方法，结构如图6-7、6-8所示。

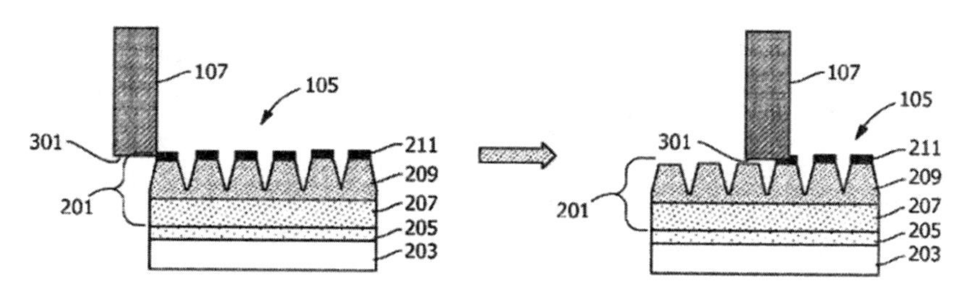

图6-7 US14489686附图1

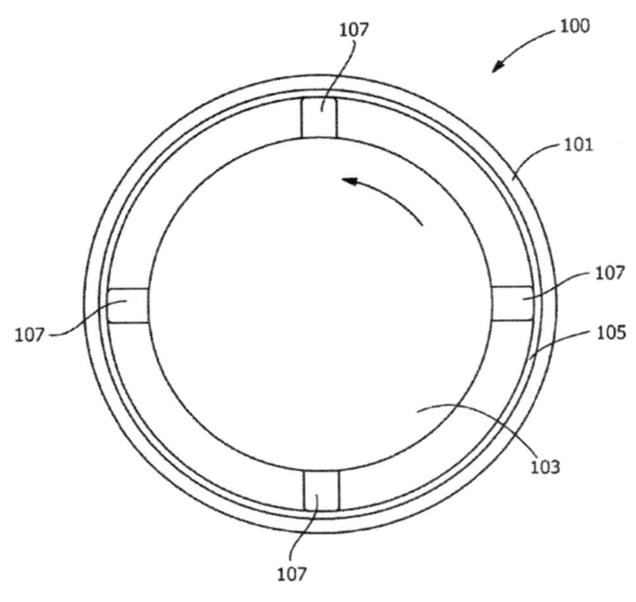

图 6-8 US14489686 附图 2

该专利提供了一种可磨耗密封和用于制备具有可磨耗支撑材料的密封工艺，提供了一种用于涡轮机系统的紧密密封，用于用于具有不均匀叶片长度的系统。此外，耐磨密封件可保持绝缘性能，允许耐磨涂层的磨损，并且在涡轮机系统的操作条件下保持黏附于基底，从而提供长期的可靠性并提高燃气轮机的运行效率。

下面对通过涂层方式这一技术点进行专利的风险规避分析，对于涡轮封严方式来说，这一部分的相关专利的技术点主要有特殊加装方式、特殊的结构形式、特殊的封严结构的材料等几个专利权项技术，将相关专利进行权项分解表示为 $aA+bB+cC$ 的形式。当相关专利中的技术点含有特殊的加装方式时 a=1，当不含有特殊加装方式时 a=0；当相关专利中的技术点含有特殊结构形式时 b=1，当不含有特殊结构形式时 b=0；当相关专利中的技术点含有特殊的封严结构的材料时 c=1，当不含有特殊的封严结构的材料时 c=0。所以对于该专利的权项分解为 $A+C$，若一个新的研究对象的产品或方法技术分解为 $A+C$ 时，技术特征完全相同，判定为存在高风险；若一个新的研究对象的产品或方法技术分解为 $A+C+X$ 时（X 为除 A、C 外的某一技术特征），产品或方法比相关专利增加一项或以上的技术特征，判定为存在高风险；若一个新的研究对象的产品或方法技术分解为 $A+X$（X 为除 A 外的某一技术特征）时，X 和 C 可能具有非实质性区别，判定为存在中风险；若一个新的研究对象的产品或方法技术分解为 A 或 C 时，产品或方法比相关专利减少一项或以上的技术特征，判定为存在低风险。其他情况无侵权风险，当要进行相关专利申请时需要先阅读附表 6 中的核心专利，并归纳相关专利的权项分解，进行对比分析后再申请专利。

7 冷却结构技术专利分析与侵权预警

在高温高压的燃气环境中工作的高温部件，相对于低温部件来讲更容易出现故障，尤其是涡轮叶片，不仅要承受高温、高压燃气的冲刷，还要承受很高的气动负荷及由于高速旋转引起的离心力的作用，出现故障的概率更大，从传热学或热分析的角度讲，主要有两方面原因：一是工作环境温度过高冷却措施又不匹配，使高温部件整体温度或局部温度过高，使其在工作寿命范围内提前产生局部显著变形或烧蚀，引发故障；另一个原因是部件内部温差大导致热应力大，在较高热应力条件下工作的涡轮叶片，长时间运行后结构强度会降低，导致使用寿命缩短。因此，对于燃气轮机高温部件进行必要的冷却，降低其整体温度水平及局部温差，保证在要求的工作寿命范围内不产生严重变形或烧蚀，对其长寿命、安全运行具有非常重要的意义。高温部件中，涡轮叶片的冷却结构最为复杂，流动传热形式具有多样性，是燃气轮机高温部件冷却技术研究中最具代表性的部件。

7.1 冷却结构专利技术路线

涡轮冷却结构的主要研究内容有：改变叶片结构、改变冷却方式等。

根据涡轮冷却结构的技术路线图 7-1 可见从 1965 年到 2021 年，涡轮冷却结构的发展分为了 4 个阶段。

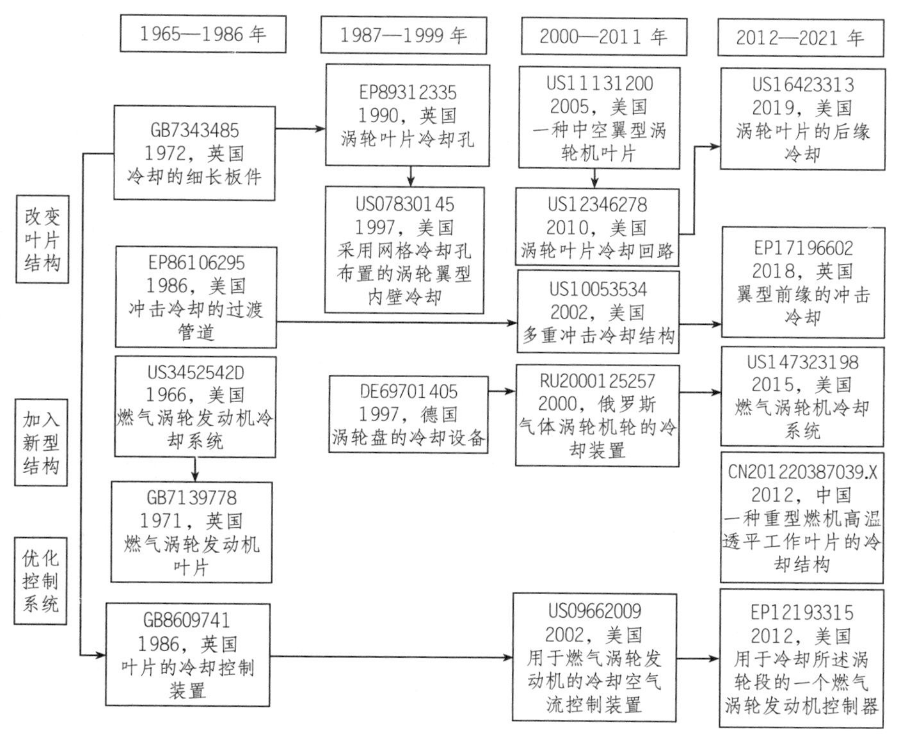

图 7-1 涡轮冷却结构专利技术路线

第一阶段：1965 年到 1986 年。这段时期是涡轮冷却结构技术的起步阶段。

在这段时间里，燃气轮机正处于技术起步阶段，整体的专利数量较少，大部分申请的专利都在英国、法国、德国和美国。造成这种现象的主要原因还是燃气轮机涡轮冷却这个命题刚刚提出，整体研究较少，这段时间的专利主要集中在改变叶片结构和改变冷却方式两种，改变叶片结构的专利占了很大部分。其中，1973 年美国通用电气公司申请的关于燃气轮机叶片性能的改进的专利，专利申请号为 GB7343485，主要内容是设计了一种用于燃气轮机的空心冷却叶片，其内表面的某些区域通过由一对肋支撑并密封到叶片内部的撞击板来提供冷却。这也是相对比较早期的通过改变叶片内部形式来提高换热强度的专利。

英国在 1971 年申请的关于改进燃气轮机叶片的专利，专利申请号为 GB7139778，主要内容是设计了一种燃气轮机叶片，具有中空的内部空间，内部设置有双层嵌件，插入物与叶片壁形成腔室，并且与插入物的内部一起形成冷却流体流过叶片的路径的一部分，使得从叶片的一端供应的冷却流体在叶片的前缘处穿过流入腔室到达插入件的内部，然后到达叶片的后缘，离开叶片。

美国在 1986 年申请的关于改进燃气轮机叶片的专利，专利申请号为 EP86106295，主要内容是设计了一种用于冷却布置在燃气轮机燃烧室和涡轮级之间的过渡管道表面的冲击冷却装置，过渡管道设置在压缩空气室中。围绕过渡管道，与冲击套有一段距离以在冲击套的小孔之间形成流动体积；相邻的孔被隔开一定的间距，位于燃烧室末端的出口；在燃烧室周围的压缩空气冲击导流套筒；在导流套筒的端部处出口重叠并在之间形成气动收敛形状，流动的空气通过气动收敛形状管道流向燃烧室，可有效地将出口处的压力降低到压缩空气增压室中的压力以下，从而跨过冲击套筒的空气会从多个燃烧室中射流指向过渡管道的孔，在冲击套筒上是不均匀的，以控制套筒表面中的冷却。

第二阶段：1987 年到 1999 年。这段时期是涡轮叶片冷却结构研究的发展期，主要方式是通过改变翼型结构和加入新型结构两种方式。

这段时期的大多数专利注册在美国和欧洲。共申请了冷却结构相关专利 103 项。其中， 罗罗公司于 1990 年在英国申请了一项关于冷却细长板件的专利，专利申请号为 EP89312335。主要内容是涡轮动叶或静叶的翼型设计。通过叶片外表面的多排小的冷却空气出口孔进行气膜冷却。流经每个出口孔的空气通过至少两个孔，从该孔穿过叶片的壁面延伸到内部腔室或通道提供冷却空气，两个孔相互相交形成出口孔径。

在1997年，美国通用公司申请了采用网格冷却孔布置的涡轮翼型壁的内冷却孔布置专利，专利申请号为US07830145。主要内容是涡轮翼型件具有网格冷却孔布置，包括形成在翼型件的侧壁的内部结构内的多个第一冷却孔和多个第二冷却孔，以便在翼型件的前缘部分和后缘部分之间延伸的侧壁的间隔开的内表面和外表面之间延伸，并且沿着翼型件的侧壁的间隔开的内表面和外表面延伸，但不与翼型件的前缘部分和后缘部分之间延伸的侧壁的间隔开的内表面和外表面相交。

第三阶段：2000年到2012年。这段时间是美国涡轮冷却技术的快速发展时期。

在这段时期全世界共申请了冷却结构相关专利352项，其中大部分在美国注册，也有少部分在中国、英国、日本和俄罗斯注册。美国在20世纪就开始大力发展涡轮冷却结构，技术较为成熟。例如在2002年，美国申请了一项关于用于燃气涡轮发动机的冷却空气流控制装置的专利，专利申请号为US09662009。其主要内容为用于燃气涡轮发动机的冷却空气流量控制装置，该冷却空气流量控制装置包括一个形状记忆金属阀，在操作中通过冷却通道提供的冷却空气流的流量，通过改变形状来响应于组件的温度从而控制冷却空气流的流量。

在2002年，美国申请了一项关于一种中空的翼型涡轮机叶片的专利，专利申请号为US10053534。其主要内容为多冲击冷却结构，例如用作涡轮机护罩组件。该结构包括多个挡板，冲击冷却空气通过其中一个挡板上的孔，仅冲击第一腔中的护罩部分。然后，冷却空气被导向第二个空腔中再次撞击护罩的部分。在2005年，美国申请了一项关于涡轮叶片冷却回路的专利，专利申请号为US12346278。其主要内容为一种中空的翼型件的涡轮叶片，该翼型件具有限定了用于接收冷却空气的腔室，以及设置在腔室内的插入物，该插入物初始接收进入腔室的冷却空气的一部分，并引导冷却空气穿过多个插入孔以冷却外壁的内表面。在2010年，美国申请了一项关于一种中空的翼型涡轮机叶片的专利，专利申请号为US11131200。其主要内容为一个在叶片的根部和顶端之间径向延伸的高纵横比的叶片，在空腔的径向内端处进入开口，以向空腔供给冷却空气，冷却腔的至少一个壁面具有多个凹槽用以干扰冷却空气在腔中的流动并增加热交换。

第四阶段：2001年到2021年。这段时间真是百花齐放、百舸争流的时代。

在这个时期，中国的涡轮冷却系统有了飞跃性的发展。例如在涡轮叶片冷却方面，专利申请号为CN201220387039.X。提出了采用燃机外冷却器对涡轮工作叶片冷却空气进行预先冷却，使冷却空气消耗量减少，由于涡轮流量的增加使其功率增加，同时可使涡轮进口温度提高，因此涡轮的效率也随之提高。根据涡轮导向叶片表面温度分布情况及降温效果，可进一步提高透平的进口温度，以获得更大的功率和热效率。同一时期美国申请了一种用于燃气涡轮发动机的部件，一个或多个具有沿后缘延伸的冷却通道可设置在翼型内。至少一个流动元件和一个膜孔设置在冷却通道或邻近冷却通道的后缘通道中，从而改进膜孔流体的流动。专利申请号为US16423313。

在2015年，美国申请了一项关于涡轮叶片冷却回路的专利，专利申请号为US147323198。其主要内容为一种用于燃气涡轮发动机的空气油冷却器，包括空气冷却结构和润滑剂通道。润滑剂通道在润滑剂入口和润滑剂出口之间延伸，并由空气冷却结构界定。空气冷却结构具有弓形形状，可以在圆周上跨越燃气涡轮发动机芯的一部分。

7.2 核心专利与风险规避

下面根据冷却结构的技术功效矩阵图进行专利侵权风险的预测，并结合相关的专利规避具有高侵权风险的核心技术专利。

首先在涡轮冷却技术的相关专利内容中，对涡轮冷却技术主题进行检索得到原始专利数据，然后进行技术功效划分，依据涡轮冷却技术的技术效果（提高冷却效果、提高控制精度、降低冷却结构流动损失、降低掺混损失、降低冷却结构的热应力）和技术手段（改变叶片结构、改变冷却方式、优化冷却系统、优化冷却系统控制系统、加入新型结构）绘制功效矩阵图，准确的分类可以保证专利分析效果的准确性。在绘制好功效矩阵图后可以从多维度看出每个技术点的专利申请趋势，得到的涡轮封严结构的技术功效矩阵图如图 7–2 所示。

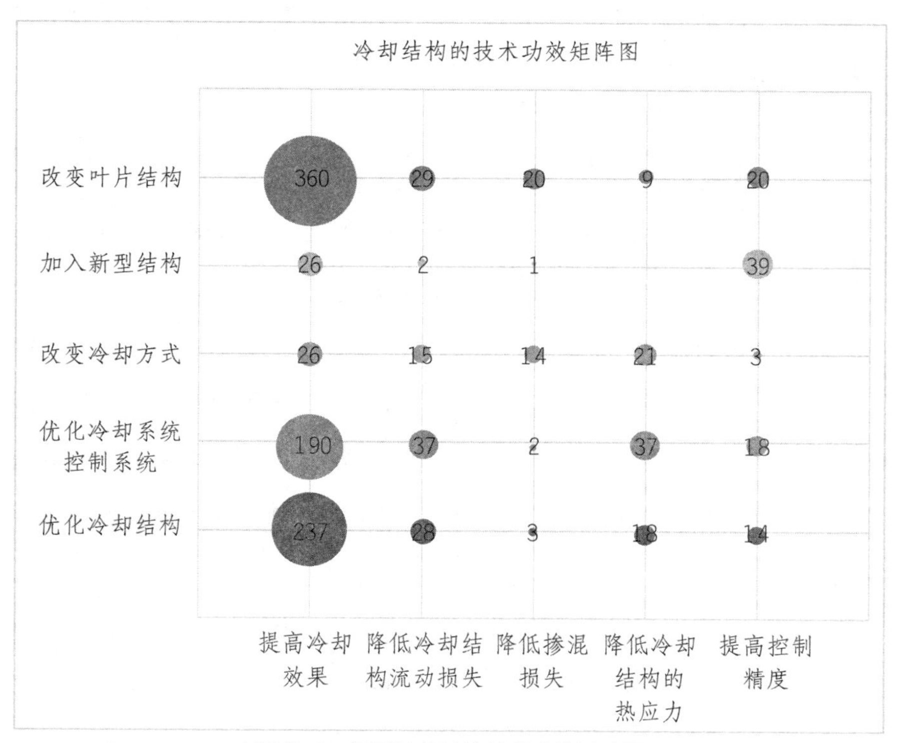

图 7–2　涡轮冷却结构技术功效矩阵图

从图 7–2 可以看出，涡轮冷却主要通过改变叶片结构、加入新型结构、改变冷却方式、优化冷却系统控制系统和优化冷却结构来实现。通过改变叶片结构来提高冷却效果、提高控制精度和降低冷却的热应力申请量较高；通过改变叶片结构来提高冷却效果方面申请的专利最多；关于降低冷却结构流动损失，其研究主要在于优化冷却系统；对于优化冷却系统控制系统和改变冷却方式，其申请专利主要是为了降低冷却结构流动损失和降低冷却结构的热应力，以及提高冷却效果，只有少数是为了提高控制精度和降低掺混损失。

改变冷却方式的新技术数量不多，这主要是由于涡轮冷却技术发展到现在，其技术手段大致已经确定。通过改变叶片结构可以同时在多个指标上获得优化的效果，所以改变叶片结构是改善涡轮冷却的一个热点方向。对于改变叶片结构这个技术点，由于其自身研究的热度导致了其容易产生高风险等级的侵权现象。

7.2.1 改变叶片结构

美国 1992 年申请的专利“网格冷却孔布置对涡轮翼型壁的内部冷却”，专利申请号为 US07830145，发明人为李庆邦，专利申请日期为 1992 年 2 月 3 日。

涡轮机翼片具有网状冷却孔布置，该网眼冷却孔的布置包括在翼型件的侧壁的内部结构内形成的第一和第二个冷却孔，从而在延伸的侧壁的内表面和外表面之间且沿其相交但不相交地延伸。在机翼的前缘和后缘之间。每个冷却孔大体上彼此平行地延伸。第一和第二个冷却孔相交以在侧壁中限定多个间隔开的内部实心节点，该内部实心节点具有通过成对的相对角相互连接的成对的相对侧。间隔开的节点限定了在相邻节点之间并沿着相邻节点的相对侧延伸的多个冷却孔的部分，以及将冷却孔的部分互连并且布置在相邻节点的角之间的多个流交点。结的侧面的长度大于在节点之间的孔的部分的宽度，使得当冷却流体通过冷却孔时，产生了通过孔的部分的射流作用，这又在流动处产生了射流相互作用。射流的相互作用限制了气流并产生了压降，该压降在气流中产生了湍流，从而增强了翼型侧壁和冷却空气之间的对流传热，结构如图 7–3~7–8 所示。

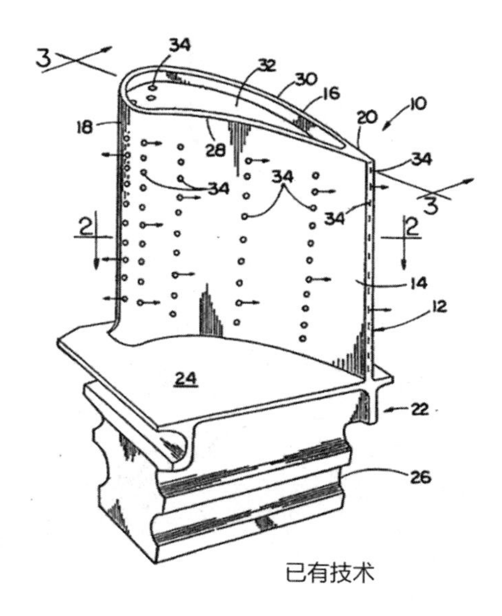

图 7–3　US07830145 附图 1

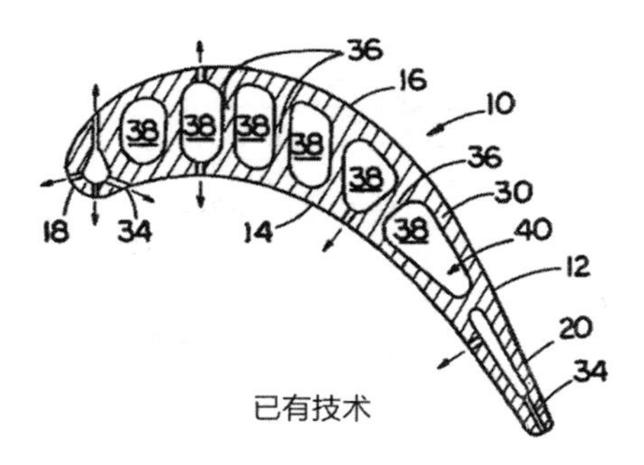

图 7–4　US07830145 附图 2

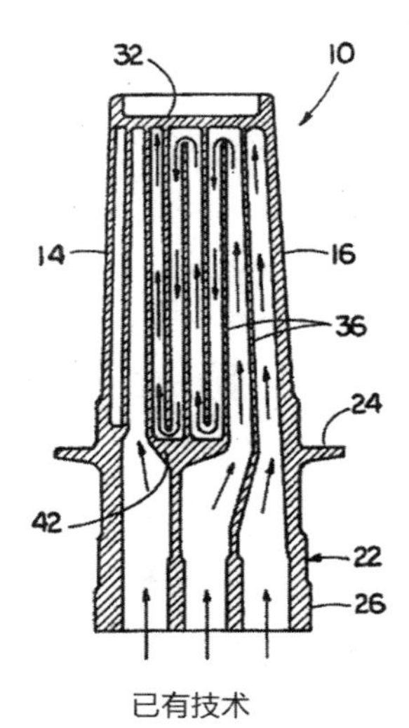

已有技术

图 7-5　US07830145 附图 3

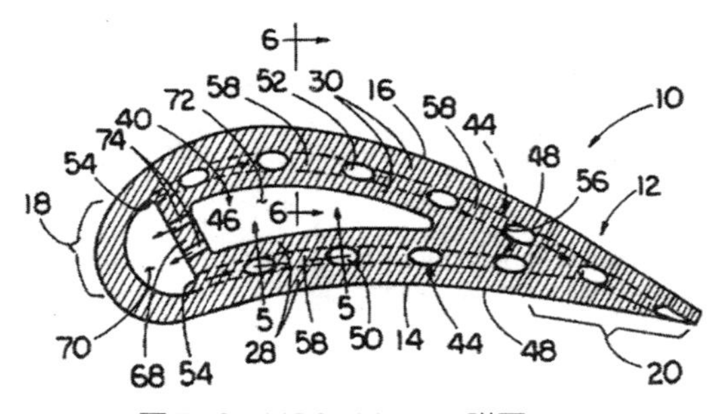

图 7-6　US07830145 附图 4

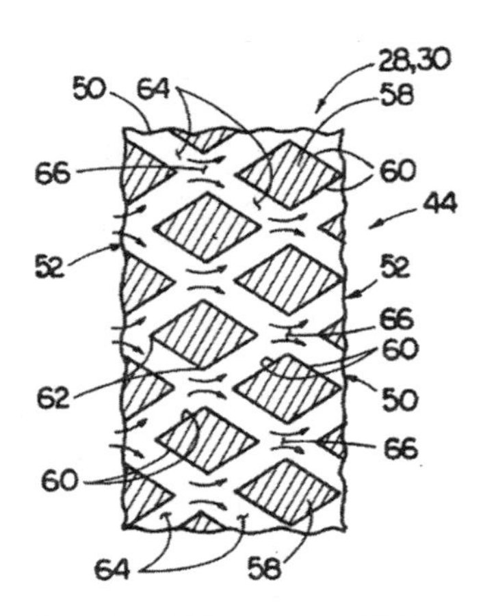

图 7-7　US07830145 附图 5

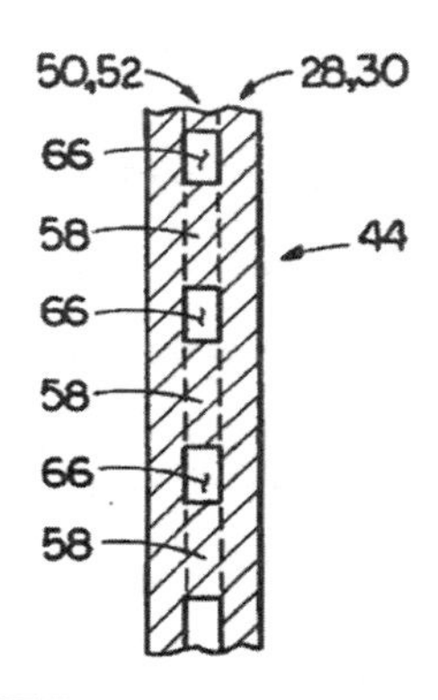

图 7-8　US07830145 附图 6

与传统的涡轮冷却结构系统相比，这种新结构更具有优势，这项专利是国际上首次使用网状冷却孔结构。虽然当时的技术不够成熟，加工技术达不到所要求的标准，但是也为之后的研究奠定了基础。

下面对优化涡轮的封严结构这一技术点进行专利的风险规避分析，对于涡轮封严结构来说，这一部分的相关专利的技术点主要有采用气膜冷却、采用冲击冷却、带肋通道强化传热、气膜孔冷却等几个专利权项技术，将相关专利进行权项分解表示为 $aA+bB+cC+dD$ 的形式。当相关专利中的技术点含有采用气膜冷却方式时 a=1，当不含有采用气膜冷却方式时 a=0；当相关专利中的技术点含有采用冲击冷却 b=1，当不含有采用冲击冷却时 b=0；当相关专利中的技术点含有带肋通道强化传热时 c=1，当不含有带肋通道强化传热时 c=0；当相关专利中的技术点含有气膜孔冷却时 d=1，当不含有气膜孔冷却时 d=0。所以对于该专利的权项分解为 $A+C$，若一个新的研究对象的产品或方法技术分解为 $A+C$ 时，技术特征完全相同，判定为存在高风险；若一个新的研究对象的产品或方法技术分解为 $A+C+X$ 时（X 为除 A、C 外的某一技术特征），产品或方法比相关专利增加一项或以上的技术特征，判定为存在高风险；若一个新的研究对象的产品或方法技术分解为 $A+X$（X 为除 A、C 外的某一技术特征）时，X 和 C 可能具有非实质性区别，判定为存在中风险；若一个新的研究对象的产品或方法技术分解为 A 或 C 时，产品或方法比相关专利减少一项或以上的技术特征，判定为存在低风险。其他情况无侵权风险，当要进行相关专利申请时需要先阅读附表 7 中的核心专利，并归纳相关专利的权项分解，进行对比分析后再申请专利。

7.2.2 加入新型结构

中国沈阳黎明航空发动机有限责任公司 2012 年申请的专利“一种重型燃机高温透平工作叶片的冷却结构”，专利申请号为 CN201220387039.X，发明人为李景波、吕永、易海，专利申请日期为 2012 年 8 月 6 日。

主要内容为一种重型燃机高温透平工作叶片的冷却结构，包括压气机出口、冷却气流管道、水－空气冷却器、透平转子内腔、一级透平盘、一级透平工作叶片。压气机出口通过冷却气流管道与水－空气冷却器连接，水－空气冷却器通过冷却气流管道与透平转子内腔连接，透平转子内腔通过冷却气流管道与一级透平盘连接，一级透平盘与一级透平工作叶片连接。本实用新型专利的优点：采用燃机外冷却器对透平工作叶片冷却空气进行预先冷却，使冷却空气消耗量减少，由于透平流量的增加使其功率增加，同时可使透平进口温度提高，因此透平的效率也随之提高。根据透平导向叶片表面温度分布情况及降温效果，还可进一步提高透平的进口温度，以获得更大的电厂发电功率和热效率，结构如图 7–9 所示。

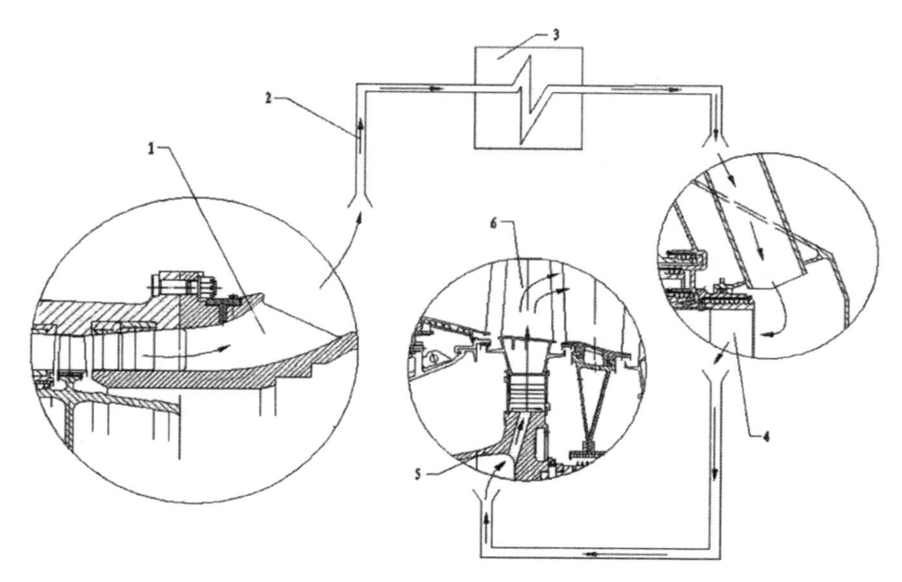

图 7-9 CN201220387039. X 附图

提高燃气轮机功率和热效率的一个重要途径是提高透平进口温度，但这却也使得透平部件的工作环境恶化，并对材料的性能要求日益提高。由于当前透平叶片使用的高温材料所能承受的温度不超过 1 000℃，因此对燃气轮机的高温部件，尤其是透平叶片，必须采取可靠的冷却措施来降低其工作温度，从而保证燃气轮机安全地运行，提高透平工作叶片的冷却效果是发展高效率燃机的必然要求。本实用新型专利的目的是在重型燃机高温透平工作叶片的冷却方式保持现有透平的进口温度的情况下，降低冷却空气消耗量，达到进一步提高透平的功率和效率，同时可进一步提高透平进口温度，以提高的功率和效率，并提供了一种重型燃机高温透平工作叶片的冷却结构。

下面对加入新型结构这一技术点进行专利的风险规避分析，对于涡轮冷却结构来说，这一部分的相关专利的技术点主要有特殊加装方式、特殊的加工材料、特殊的结构形式、优化冷却通道等几个专利权项技术，将相关专利进行权项分解表示为 $aA+bB+cC+dD$ 的形式。当相关专利中的技术点含有特殊的加装方式时 a=1，当不含有特殊加装方式时 a=0；当相关专利中的技术点含有特殊的加工材料时 b=1，当不含有特殊的加工材料时 b=0；当相关专利中的技术点含有特殊结构形式时 c=1，当不含有特殊结构形式时 c=0；当相关专利中的技术点含有优化冷却通道时 d=1，当不含有优化冷却通道时 d=0。所以对于该专利的权项分解为 $A+B+C$，若一个新的研究对象的产品或方法技术分解为 $A+B+C$ 时，技术特征完全相同，判定为存在高风险；若一个新的研究对象的产品或方法技术分解为 $A+B+C+X$（X 为除 A、B、C 外的某一技术特征）时，产品或方法比相关专利增加一项或以上的技术特征，判定为存在高风险；若一个新的研究对象的产品或方法技术分解为 $A+B+X$（X 为除 A、B 外的某一技术特征）时，X 和 C 可能具有非实质性区别，判定为存在中风险；若一个新的研究对象的产品或方法技术分解为 A、B 和 C 中的任意两个或一个技术特征时，产品或方法比相关专利减少一项或以上的技术特征，判定为存在低风险。其他情况无侵权风险，当要进行相关专利申请时需要先阅读附表 8 中的核心专利，并归纳相关专利的权项分解，进行对比分析后再申请专利。

7.2.3 优化控制系统

英国罗罗公司在 2012 年申请的专利“用于冷却燃气涡轮发动机的涡轮部分的控制器”，专利申请号为 EP12193315，发明人为巴基奇，专利申请日期为 2012 年 11 月 20 日。

燃气轮机具有串联的压气机、燃烧室和涡轮。燃机具有冷却系统，该系统将从压气机段接收到的冷却气流转向热交换器，然后转向涡轮段以冷却其中的某个部件。冷却系统具有调节冷却空气流量的阀装置。燃机还具有闭环控制器，用于测量冷却部件的一个或多个温度，并将测量的温度与一个或多个相应的目标进行比较，结构如图 7-10~7-12 所示。

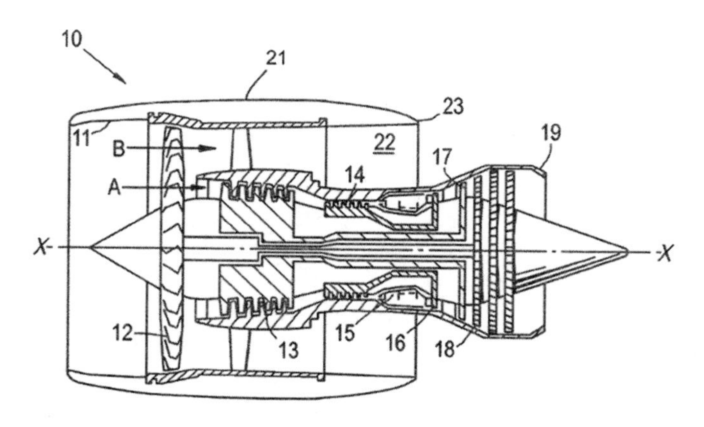

图 7-10 EP12193315 附图 1

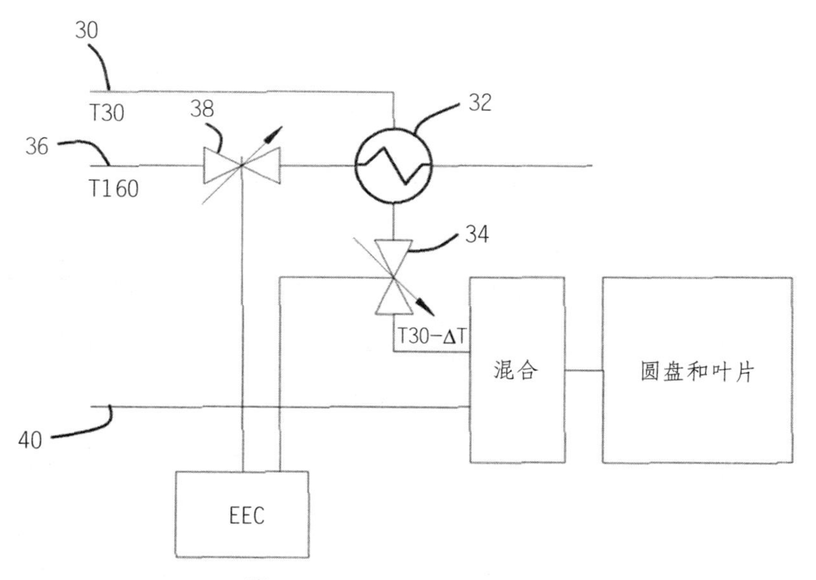

图 7-11 EP12193315 附图 2

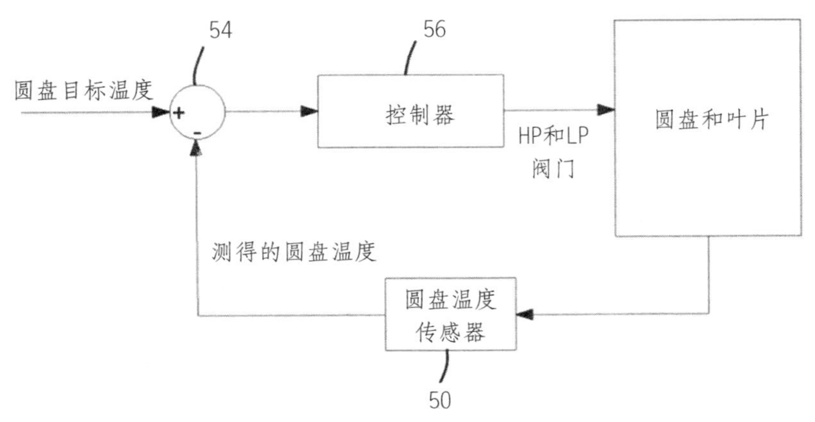

图 7-12　EP12193315 附图 3

下面对通过优化控制系统这一技术点进行专利的风险规避分析，对于涡轮冷却结构来说，这一部分的相关专利的技术点主要有特殊加装方式、特殊的结构形式、新型控制系统等几个专利权项技术，将相关专利进行权项分解表示为 $aA+bB+cC$ 的形式。当相关专利中的技术点含有特殊的加装方式时 a=1，当不含有特殊加装方式时 a=0；当相关专利中的技术点含有特殊结构形式时 b=1，当不含有特殊结构形式时 b=0；当相关专利中的技术点含有新型控制系统时 c=1，当不含有新型控制系统时 c=0。所以对于该专利的权项分解为 $A+C$，若一个新的研究对象的产品或方法技术分解为 $A+C$ 时，技术特征完全相同，判定为存在高风险；若一个新的研究对象的产品或方法技术分解为 $A+C+X$（X 为除 A、C 外的某一技术特征）时，产品或方法比相关专利增加一项或以上的技术特征，判定为存在高风险；若一个新的研究对象的产品或方法技术分解为 $A+X$（X 为除 A 外的某一技术特征）时，X 和 C 可能具有非实质性区别，判定为存在中风险；若一个新的研究对象的产品或方法技术分解为 A 或 C 时，产品或方法比相关专利减少一项或以上的技术特征，判定为存在低风险。其他情况无侵权风险，当要进行相关专利申请时需要先阅读附表 9 中的核心专利，并归纳相关专利的权项分解，进行对比分析后再申请专利。

8 结论

在 1922—1958 年，由于涡轮机械成本高、效率低，且受到蒸汽机、内燃机和电动机的竞争而逐渐被淘汰。随后美国、西欧等发达国家和地区逐渐意识到发展涡轮技术的前景，开始投入大量经费和科技力量进行研究，于是各国政府及各大公司纷纷进行涡轮机械的研究。各国也在不断推广涡轮机械设备在本国的应用，伴随着涡轮机械数量的不断增加，在产业实践中遇到的问题也促使涡轮的技术越来越细化。随着涡轮技术的不断发展、涡轮机械的应用范围越来越广，涡轮领域越来越受到大家的关注。可以预见，随着提高发动机功率意识的不断提升，未来涡轮机械应用于航空发动机、燃气轮机和蒸汽轮机将大有前途。

8.1 五国涡轮技术

从主要申请专利数量来看，排名第一的是美国，然后依次是欧洲、日本、英国、德国、加拿大和中国。美国作为老牌的技术研发强国，其依然具有巨大的优势。

8.1.1 美国

美国的涡轮技术专利虽然起步不是最早，但是其申请的专利数量最多，申请数量呈线性增长。其中，LM2500 系列燃气轮机的发展之路堪称经典。该系列燃气轮机有着非常广泛的用途，可应用于船舶动力、发电、石油开采等多种目的。最为主要的用途是作为军用舰艇的动力装置，被许多国家军队所采购作为作战舰艇的动力装置。美国在涡轮技术领域申请的专利数量在近 20 年无人能及，证明了美国在涡轮技术研发领域的雄厚实力。涡轮发动机属于高技术产品，研发必须具备雄厚的工业基础和长期不断地投入，美国在涡轮技术领域的迅猛发展，展示了其深厚的科技实力和一流的工业水平。

8.1.2 英国

英国是世界上首个拥有涡轮技术领域专利的国家，1922 年就有了第一个涡轮技术专利，英国罗罗公司作为世界涡轮技术领域的一大巨头，引领了英国的涡轮技术研发，罗罗公司生产的涡轮发动机在军方和民航两处都得到了大量的订单，推出了多个型号的涡轮发动机，英国的涡轮技术专利申请量总体呈稳步增长的趋势，体现了其在涡轮技术上深厚的沉淀与积累。

8.1.3 德国

德国是第二次工业革命的领导地区，积累了极其深厚的工业技术，至今也以精密的工业技术扬名于世，同时也是世界上第二个拥有涡轮技术专利的国家。德国的西门子公司拥有先进的涡轮技术，引领了德国涡轮技术领域的发展。第一个专利出现在 1932 年，由于二战战败技术惨遭瓜分，美国、英国和苏联抢走了许多人才，导致其很长一段时间里几乎没有涡轮技术领域的专利申请，直到 2000 年，德国每年的专利申请量才有了明显的上升。

8.1.4 日本

由于日本也是二战战败国，二战后美国不允许日本人研制飞机，所以日本在涡轮技术领域停滞了很长一段时间。日本的首个涡轮技术专利申请于 1977 年，此后至 1981 年日本航空发动机公司成立期间，只有少数几年有 1~2 个涡轮技术专利申请。现今日本三菱公司制造的涡轮增压器已经遍布了全世界，是很多一线品牌的供应商，包括很多自主品牌都在使用。德国大众 EA111 的 1.4T 与 EA888 的 2.0T 发动机的涡轮，都采用了日本 IHI 公司的产品。IHI 与三菱重工一样，是日本军工企业的代表之一，主要生产船舶、航空和汽车上的涡轮增压器，是目前世界 5 大涡轮增压器生产商之一。

8.1.5 中国

中国是五个国家中涡轮技术起步最晚的国家。1958 年中国就将自主研制燃气涡轮发动机纳入发展规划，成立了南、北两个设计所进行设计研究。1959 年，中国从苏联引进 M-1 型燃气轮机作为国产护卫艇的加速主机。以其为基础，1961 年上海汽轮机厂完成首部国产燃气轮机的试制。70 年代，中国从英国引进了第二代涡扇发动机斯贝 MK202。80 年代，中国开始在其基础上研制新一代航改燃气轮机 GD-1000。在 1989 年以前，中国的涡轮技术主要靠引进和仿制来发展，因此迟迟没有出现自有的专利技术。直至 80 年代末，中国才出现了第一个涡轮技术专利，比英美等国落后了 50 年之久。90 年代末期，随着美国及其他一些西方国家对中国实行武器禁运后，中国无法继续引进 LM2500 燃气轮机。在 1993 年，中国与乌克兰签署了DA80（UGT25000）舰用燃气轮机的销售及生产许可合同，因此在1990—2002年又出现了12年的专利申请空窗期。此间中国也在继续国产型号的研制，不断为以后涡轮技术的自主研发奠定基础。随着中国经济实力、工业基础、技术水平的增强，特别是航空发动机核心机技术的突破，中国的涡轮技术专利申请量总体呈稳步增长的趋势。在此期间，中国完成了包括QD128、QC185和R0110重型燃气轮机等在内的一系列燃气涡轮发动机的自主研制，拥有了一大批专利技术和创新成果。2016年11月，中国全面启动实施航空发动机和燃气轮机重大专项，将推动中国的涡轮技术专利申请量更上一层楼。

黑龙江省燃气轮机的发展：

2012年以来在党中央、国务院的关心下，在中国科学院和中国工程院52位院士的倡议下，多个国家部委开展了“航空发动机和燃气轮机”重大专项调研和论证。工业和信息化部2016年的一个重点任务就是要启动实施航空发动机和燃气轮机重大科技专项。因为燃气轮机的重要战略地位，同时由于涡轮作为燃气轮机的三大部件之一的重要组成部分，在国际形势的推动下以及国家政策的帮助下，黑龙江省的涡轮相关技术的研发速度逐渐加快。

从2001年开始到2020年这一段时间里，涡轮相关技术经历了四个主要的阶段，分别是缓慢发展阶段、第一次快速发展阶段、调整期以及第二次快速发展阶段。黑龙江省的涡轮技术在经历了这四个阶段之后具有了一定的专利规模，同时科研技术上也有了非常大的飞跃，前期技术上的积累以及理论上的沉淀是为了在涡轮技术的后续发展中起到厚积薄发以及至关重要的作用。从涡轮总体技术的分析中可以看出，涡轮相关技术的技术难点是比较多的，主要有涡轮动叶、冷却结构、涡轮盘、总体结构、涡轮静叶、涡轮机匣、封严结构、涡轮轴、二次空气系统等35

项技术难点。可以看出涡轮的相关技术研究还有很大的研究空间。在这样的环境下，黑龙江省有大量的科研研究所以及高校都投身到了涡轮相关技术的研究上，黑龙江省研究涡轮技术的主力军主要有中国船舶重工集团公司第七〇三研究所、哈尔滨汽轮机厂有限责任公司、哈尔滨工程大学、哈尔滨广瀚燃气轮机有限公司、哈尔滨电气股份有限公司、哈尔滨工业大学、哈尔滨东安发动机（集团）有限公司、哈电发电设备国家工程研究中心有限公司、哈尔滨中航动科燃气轮机成套制造有限公司等26个科研单位，在2001—2020年间共申请了725项涡轮相关技术专利。

尽管2001—2020年涡轮相关技术的专利数量已经多达725项，但是在核心专利的数量上较少，其中哈尔滨汽轮机厂有限责任公司以及哈尔滨鑫润工业有限公司在涡轮叶片的先进的加工技术方面取得了一定的研究成果；哈尔滨东安发动机（集团）有限公司以及哈尔滨工业大学对微型燃气轮机的分布式能源的核心技术的研究取得了一定的研究成果；哈尔滨工程大学和中国船舶重工集团公司第七〇三研究所对涡轮的故障诊断的核心技术的研究取得了一定研究成果。所以掌握核心科技、提高涡轮相关专利的核心专利数量应该是黑龙江省的相关科研单位在后续的科技研发当中的一项重点指标。

8.2 涡轮关键技术

8.2.1 涡轮动叶技术

纵观近几十年，关于涡轮动叶的申请一直占据涡轮技术总申请量的第一，冷却结构的申请量占据第二。这是因为，涡轮动叶是燃气涡轮发动机中涡轮段的重要组成部件。

涡轮动叶技术的第一个发明专利是1942年出现的，是由英国申请了世界上第一个关于转子组件的专利。从1987年到2003年，共申请涡轮动叶相关专利181项，其中美国占有62项，占比达到三分之一，这段时期是美国涡轮动叶技术的快速发展时期，其研究最多的是关于对动叶结构的设计与优化。2004年至今，这段时期是各个国家涡轮动叶急速发展的时期，共申请专利1 249项，其中主要以美国、日本以及欧洲为主要的专利产出地，对于涡轮动叶技术的专利申请人，全球申请人中主要是以美国人为主，中国仅占到全球总申请人的5.4%。

经过了几十年的发展，涡轮动叶技术依旧是涡轮技术中的重点、热点以及难点，加入新型结构、改变叶型以及对动叶进行涂层依旧是改善涡轮动叶工作状态的主要手段，而且涡轮动叶的可靠性是涡轮动叶性能的一项重点指标，对于涡轮提高涡轮动叶的寿命以及降低涡轮动叶流动损失等指标，在过去的研究过程中存在一定的欠缺，在未来的研究过程中会进一步地深入研究。

8.2.2 封严技术

由于涡轮属于高速旋转类机械，且工作过程中有高压高速工作流体流过，往往会造成工作流体的损失，导致涡轮效率的降低，所以对涡轮的封严技术进行研究是提高涡轮效率的一个主要手段。

相比于涡轮动叶技术，涡轮封严技术的受关注度一直不高，在1947年之前虽然也存在着少量的关于涡轮封严结构的专利诞生。但是并未受到业内行业的过多关注，从1947年开始涡轮的封严结构技术正式进入起步阶段，截至2020年，全世界范围内总共创造了338项专利，为涡轮封严技术的研究奠定了基础。其中美国的专利占比高达30%，而中国的涡轮封严技术的相关专利数量较少，但近几年来，中国的涡轮封严技术的相关专利的申请数量逐年增加，国内的申请人，尤其是高校大面积申请专利，使得我国的专利数量快速猛增。

对于涡轮的封严结构技术，改变封严方式以及优化封严结构是改善涡轮泄漏的主要方式，而对封严进行涂层的方式是一种学科交融多领域结合的技术，新技术的数量并不多，这也与国内材料的发展速度相关，学科的交叉融合会在未来带来新的生命活力。改变封严方式是改善涡轮密封的一个热点方向，在未来的研究过程中以及专利的申请过程中应该注意避免侵权问题的发生。

8.2.3 冷却结构技术

由于涡轮是通过高温高压气体膨胀做功的方式对外输出功率，故较高的温度会对涡轮的叶片产生一定的应力损伤，所以涡轮冷却结构技术一直是涡轮技术中的重点、热点和难点。

涡轮冷却结构技术的诞生晚于涡轮动叶技术但要早于涡轮的封严技术，第一篇专利是英国在 1945 年申请的，从 1987 年开始，涡轮冷却结构技术的发展逐步加快速度，在发展的前期阶段，大多数专利注册在美国和欧洲。截止 2020 年，全球关于涡轮冷却结构技术的申请专利的数量达到 1 178 项，其中美国、英国、日本、欧洲局、德国是专利的主要来源处，而中国仅占涡轮冷却结构技术的 2.7%，相对于其他国家的差距还是很大的，所以需要对涡轮冷却结构的研究加大力度，在进取的同时也要避免对其他专利产生侵权问题。

涡轮冷却结构技术的相关专利主要是围绕改变叶片结构的方式来实现涡轮叶片的冷却，而且通过改变叶片结构的方式在提高冷却效果的同时还能降低冷却结构的热应力以及控制精度。现阶段对于全新的冷却方式的研究相对较少，此外优化冷却系统的控制系统也是较为先进的技术方向，未来在进行涡轮冷却机构技术研究的过程中对这两方面应重点关注，争取采用更加智能高效的方法来提高涡轮叶片的冷却效果。

参考文献

[1] 刘珲 . 大功率重型燃气轮机技术的新发展 [J]. 内燃机与配件，2020（17）：46–47.

[2] 伍赛特 . 船用燃气轮机动力装置技术特点研究及发展趋势展望 [J]. 交通节能与环保，2020，16（02）：26–28+46.

[3] 席亚宾，张帅，蔡青春，等 . 燃气轮机旋转失速机理及防范对策 [J]. 内燃机与配件，2020（04）：141–142.

[4] 邢俊文 . 国内坦克用燃气轮机技术将何去何从？ [J]. 坦克装甲车辆，2019（11）：30–33.

[5] 高玉龙 . 航空发动机发展简述及趋势探索 [J]. 现代制造技术与装备，2018（07）：222–224.

[6] 李相君 . 高负荷轴流压气机端区流动机制及被动控制 [D]. 西北工业大学，2018.

[7] 李孝堂 . 加快发展保障能源安全的载体装备——研制自主知识产权燃气轮机的战略意义 [J]. 开放导报，2017（05）：29–33.

[8] 张嘉桐 . 装备制造业境外投资问题研究 [D]. 哈尔滨：哈尔滨商业大学，2017.

[9]ACOSTA A J，BOWERMAN R D.An experimental study of centrifugal–pump impellers[J].Transations of the ASME，1957，79（4）：1821–1839.

[10]DENTON J D.A.time marching method for two–and three–dimensional blade to blade flow[R].American：Nasa Sti/recon Technical Report，1975.

[11]MIYAMOTO H，NAKASHIMA Y.Effects of splitter blades on the flows and characteristics in centrifugal impeller[J].JSME International Series，1992，35（2）：238–246.

[12] 程荣辉，轴流压气机设计技术的发展，燃气涡轮试验与研究，Vol.17，No.22004：1–8.

[13] 王毅，卢新根，赵胜丰，等，高负荷离心压气机扩压器叶片前缘结构分析 [J]. 推进技术，2011，v.32；No.17602：175–181.

[14]Agrawal R K，Yunis A Meneralized mathematical model to estimate gas turbine starting characteristics[J].Transactions of the ASME，vol.104（Jan.1982），pp，194–201P.

[15]TANGIRALA V E，TOPALDI A K，DANIS A M，et al.Parametric modeling approach to gas turbine combustion design[C].Proceedings of ASME Turbo Expo 2000，munich，Germany，2000：45–49.

[16] 徐志梅，刘永文，杜朝辉，著 . 热机系统仿真中一种通用介质容积模型的建立 . 燃气轮机技术 .2003，36（5）：34.

[17] 陈吟颖，阎维平 . 生物质整体气化联合循环中燃烧室的分析 [J]. 动力工程 .2006：747.

[18]Gerendas，M.and Pister，R.Development of a very small aeroengine[M]，2000，ASME No.2000–GT–536.

[19] 方昌德 . 基于微机电技术的微型燃气涡轮发动机 [J]. 国际航空，2000，3：49–50.

[20]Epstein A H. “Micro turbine engines for soldier power”，the Defense Science and Technology Seminar[M]，Massachusetts Institute of Technology，

Oct.2000.

[21]WOLF T，KOST F，JANKE E，et al.Experimental and numerical studies on highly loaded supersonic axial turbine cascades［C］//ASME Paper No.GT2010–23808，2010.

[22]XIANG H，CHEN Y，GE N.Research of shock loss mech anism and control technology for highly–loaded transonic turbine［J］.Aeroengine，2014，40（1）：54–59.

[23]GAO J，WEI M，LIU Y N，et al.Experimental and numerical investigations of hole injection on the suction side throat of transonic turbine vanes in a cascade with trailing edge injection[J].ProcIMechE Part G–Journal of Aerospace Engineering，2018，232（8）：1454–1466.

[24]GAO J，WANG F K，FU W L，et al.Experimental investigation of aerodynamic performance of a turbine cascade with trailing–edge injection［J］. ASCE Journal of Aerospace Engineering，2017，30（6）：04017074.1 — 04017074.9.

[25]ZHANG H L，KANG L，LI H B，et al.Experiment study on aerodynamic performance of a turbine static annular cascade［J］.Journal of Engineering for Thermal Energy and Power，2019，34（6）：37–46.

[26] 金伟 . 世界航空发动机发展趋势及经验 [J]. 中国工业评论，2016（11）：38–44.

[27] 王占学，龚昊，刘增文，等 . 间冷回热航空发动机技术发展趋势分析 [J]. 航空发动机，2013，39（06）：13–18.

[28] 崔耀欣，徐强，张栋芳 . 适应整体煤气化联合循环燃气轮机改型方法分析 [J]. 发电设备，2012，26（03）：153–156.

[29] 李东平，毕晓煦，吴艳 . 俄罗斯船用及工业燃气轮机的发展和

应用现状 [J]. 船海工程，2012，41（02）：95–100+108.

[30] 李孝堂，梁春华 . 世界航改舰船用燃气轮机的发展趋势 [J]. 航空科学技术，2011（06）：4–7.

[31] 孙爱军，肖娜新，马力 .WR–21 舰船用燃气轮机的设计特点 [J]. 航空发动机，2010，36（04）：49–52+31.

[32] 闻雪友，肖东明 .GT28 燃气轮机工业 / 船用衍生的技术策略研究 [J]. 舰船科学技术，2010，32（03）：3–9.

[33] 吴穷，王建丰，王冲，等 .LNG 运输船的主动力装置 [J]. 热能动力工程，2009，24（01）：7–11+139.

[34] 任光明 . 二十一世纪的军用航空动力 [J]. 国防科技，2007（07）：32–35.

[35] 梁春华 . 未来的航空涡扇发动机技术 [J]. 航空发动机，2005（04）：54–58.

附表 核心专利明细

附表 1 涡轮动叶涂层技术核心专利

名称	申请人	申请号	申请日	公开日	被引证次数	同族个数
使用自适应刀轨沉积方法的激光净成形制造	GENERAL ELECTRIC COMPANY	US11669518	2007/1/31	2008/7/31	64	18
燃气涡轮用抗腐蚀钛酸镁涂层	WESTINGHOUSE ELECTRIC CORP	US07637913	1991/1/7	1993/1/19	53	8
用于减轻热或机械应力在一种环境屏障涂层	ROLLS-ROYCE；LEE Kang N	US11020849	2011/1/11	2011/7/14	52	7
包括稀土硅酸盐可磨耗层	ROLLS ROYCE	US12624938	2009/11/24	2010/5/27	50	7
磨料涡轮叶片尖端。	GENERAL ELECTRIC COMPANY	EP91309998	1991/10/30	1992/5/6	42	4
用于减轻环境屏障涂层上热应力或机械应力的特征	ROLLS-ROYCE	US13521647	2011/1/11	2013/5/16	42	7
制造具有双重涂层的燃气轮机叶片的方法	GENERAL ELECTRIC COMPANY	US07932925	1992/8/20	1993/11/9	39	1
可磨损层包括一种稀土硅酸盐	ROLLS-ROYCE	EP09177098	2009/11/25	2010/6/2	39	7

续表

名称	申请人	申请号	申请日	公开日	被引证次数	同族个数
液冷燃气涡轮叶片	GENERAL ELECTRIC COMPANY	US05907183	1978/5/18	1981/3/31	38	1
工艺以制造一种陶瓷－涂覆的气体涡轮发动机叶片包括一种规则的阵列的表面不规则性	ROLLS-ROYCE DEUTSCHLAND；FORSCHUNGSZENTRUM JUELICH GMBH	DE102005050873	2005/10/21	2007/4/26	34	1
空气等离子喷涂和浆料混合沉积环境阻挡层的方法	GENERAL ELECTRIC COMPANY	US13565946	2012/8/3	2014/2/6	32	8
用于生产部件的方法、部件和具有部件的涡轮机	ROLLS-ROYCE DEUTSCHLAND LTD CO KG	US14009301	2012/4/2	2014/5/8	27	5
在不重新涂覆修复的叶片尖端的情况下修复燃气轮机叶片尖端	GENERAL ELECTRIC COMPANY	US11022185	2004/12/23	2006/6/29	23	14
用于环境屏障涂层系统连续纤维增强网状黏结涂层	GENERAL ELECTRIC COMPANY	US13348212	2012/1/11	2013/7/11	20	9

附表 2　涡轮动叶结构核心专利

名称	申请人	申请号	申请日	公开日	被引证次数	同族个数
具有增强的冷却和轮廓优化的涡轮叶片	GENERAL ELECTRIC COMPANY	US08884091	1997/6/27	1999/11/9	258	8
弦分叉涡轮叶片	GENERAL ELECTRIC COMPANY	US07935061	1992/8/25	1994/10/18	213	1
双肋涡轮叶片	GENERAL ELECTRIC COMPANY	US09217662	1998/12/21	2000/5/9	176	8
具有倾斜喷射槽涡轮叶片	GENERAL ELECTRIC COMPANY	US08352415	1994/12/8	1996/4/2	158	5
槽式冷却叶尖	GENERAL ELECTRIC COMPANY	US08767905	1996/12/17	1998/3/31	141	7
锥形尖端涡轮叶片	GENERAL ELECTRIC COMPANY	US09217105	1998/12/21	2000/7/11	140	1
涡轮叶片	GENERAL ELECTRIC COMPANY	US08773451	1996/12/24	1998/9/29	138	1
具有尖端槽涡轮叶片	GENERAL ELECTRIC COMPANY	US08329750	1994/12/19	1996/4/2	122	5
具有可变构型紊流器涡轮叶片	GENERAL ELECTRIC COMPANY	US07809603	1991/12/17	1997/12/9	121	1

续表

名称	申请人	申请号	申请日	公开日	被引证次数	同族个数
具有发汗带冷却涡轮叶片和制造方法	GENERAL ELECTRIC COMPANY	US07935066	1992/8/25	1997/11/25	115	1
涡轮机叶片和制造和修理涡轮机叶片的方法	NENOV KRASSIMIR P; SAMRETH ARNOLD S; VANDYOUSSETI MEHRDAD	US10700402	2003/11/3	2005/5/5	107	3
弯曲涡轮叶片	GENERAL ELECTRIC COMPANY	US06560718	1983/12/12	1987/7/28	105	3
具有偏置紊流器涡轮叶片	GENERAL ELECTRIC COMPANY	US07809193	1991/12/17	1997/10/28	91	1
燃气轮机叶片	TOSHIBA KK	US07370080	1989/6/22	1991/2/12	83	7
用于尾流减敏翼型及其制造方法	GENERAL ELECTRIC COMPANY	US13334609	2011/12/22	2013/6/27	81	12
多部件燃气轮机叶片	GENERAL ELECTRIC COMPANY	US07970518	1992/11/2	1994/6/7	78	1
具有改进冷却的燃气涡轮叶片	GENERAL ELECTRIC COMPANY	US08093165	1993/7/19	1995/2/7	68	1
具有回热后缘尖端冷却的涡轮叶片	GENERAL ELECTRIC COMPANY	US08939761	1997/9/29	1999/7/27	66	1

续表

名称	申请人	申请号	申请日	公开日	被引证次数	同族个数
制造涡轮翼型件的方法及其尖端结构	GENERAL ELECTRIC COMPANY	US12370115	2009/2/12	2010/8/12	66	1
制造用于燃气涡轮发动机的翼型件的方法	ROLLS-ROYCE	US06283002	1981/7/13	1983/12/20	65	18
扇形面涡轮级	GENERAL ELECTRIC COMPANY	US11022121	2004/12/24	2006/6/29	64	5
用于燃气涡轮发动机冷却涡轮叶片	ROLLS-ROYCE	US06497585	1983/5/24	1985/2/19	60	3
涡轮叶片	ROLLS-ROYCE	US05973601	1978/12/15	1980/10/21	58	6
复合陶瓷燃气涡轮叶片	Motoren und Turbinen Union Munchen GmbH	US06065062	1979/8/9	1981/8/25	58	17
多组分混合涡轮叶片	GENERAL ELECTRIC COMPANY	US10040238	2002/1/8	2003/7/10	58	8
具有辅助紊流器涡轮叶片	GENERAL ELECTRIC COMPANY	US07809602	1991/12/17	1997/12/9	53	1
激光冲击喷丸燃气涡轮发动机叶片尖端	GENERAL ELECTRIC COMPANY	US08399325	1995/3/6	1997/4/15	53	1
涡轮转子叶片	ROLLS-ROYCE	US08824206	1997/3/25	2000/11/7	52	7

续表

名称	申请人	申请号	申请日	公开日	被引证次数	同族个数
涡轮叶片	GENERAL ELECTRIC COMPANY	EP98305080	1998/6/26	1998/12/30	50	8

附表 3 涡轮动叶材料核心专利

名称	申请人	申请号	申请日	公开日	被引证次数	同族个数
具有熔融金属－陶瓷尖端涡轮叶片	UNITED TECHNOLOGIES CORP	US06947066	1986/12/29	1989/2/7	99	13
制造用于燃气涡轮发动机的叶片或导叶的方法	ROLLS-ROYCE	US05926961	1978/7/13	1983/5/24	70	7
具有不同密度区域的汽轮机叶片	GENERAL ELECTRIC COMPANY	US08932870	1997/9/18	1999/8/3	70	6
一种环保涡轮叶尖	GENERAL ELECTRIC COMPANY	US08551689	1995/11/1	1996/12/17	44	2
用于汽轮机的混合叶片	GENERAL ELECTRIC COMPANY	US11452336	2006/6/14	2007/12/20	37	8
复合叶片元件及制造方法	GENERAL ELECTRIC COMPANY	EP06126911	2006/12/21	2007/6/27	35	14
具有陶瓷泡沫叶片尖端密封的涡轮叶片及其制备方法	GENERAL ELECTRIC COMPANY	US09709010	2000/11/8	2004/6/29	34	1
制造燃气涡轮叶片磨料尖端的方法	ROLLS-ROYCE	US12122789	2008/5/19	2008/12/11	32	5
向叶片表面施加磨料层的方法	UNITED TECHNOLOGIES CORP	US07553057	1990/7/16	1992/4/14	31	12

续表

名称	申请人	申请号	申请日	公开日	被引证次数	同族个数
刀片	ROLLS-ROYCE	US13053765	2011/3/22	2011/10/20	30	3
CMC 部件、发电系统和形成 CMC 部件方法	GENERAL ELECTRIC COMPANY	US13252540	2011/10/4	2013/4/4	30	6
陶瓷复合部件的制造方法	GENERAL ELECTRIC COMPANY	US13459436	2012/4/30	2013/9/26	29	12
燃气涡轮发动机叶片	ROLLS-ROYCE	GB7928961	1979/8/20	1980/4/2	28	2
抗冲击叶片	GENERAL ELECTRIC COMPANY	US05710389	1976/8/2	1978/1/31	24	13
用抗氧化填料焊接单晶涡轮叶片尖端的方法	GENERAL ELECTRIC COMPANY	US12550869	2009/8/31	2011/3/3	23	9
用于制造方法的涡轮叶片	GENERAL ELECTRIC COMPANY	EP10194286	2010/12/9	2011/6/22	23	6
过程用于生产含陶瓷－基和金属部件材料	GENERAL ELECTRIC COMPANY	EP11193394	2011/12/14	2012/6/27	23	8
包括低热导率组合物可磨损层	ROLLS-ROYCE	US14004075	2012/3/8	2014/7/17	23	4
涡轮叶片的制造方法	ROLLS-ROYCE	US04101806	1961/4/10	1966/1/11	20	2
涡轮叶片围带	ROLLS-ROYCE	GB8025875	1980/8/8	1982/2/24	20	3

续表

名称	申请人	申请号	申请日	公开日	被引证次数	同族个数
三维内表面的一中空的控制包aluminiding气体涡轮机叶片	GENERAL ELECTRIC COMPANY	EP03252809	2003/5/6	2003/11/12	20	6
等离子体诱导的虚拟涡轮机翼型后缘延伸	GENERAL ELECTRIC COMPANY	US11639878	2006/12/15	2008/6/19	20	10
一涡轮叶片和所述相同的制造方法	GENERAL ELECTRIC COMPANY	EP09165745	2009/7/17	2010/2/3	20	8

附表 4 涡轮封严结构核心专利

名称	申请人	申请号	申请日	公开日	被引证次数	同族个数
以轴向流有关的改进涡轮机	ROLLS-ROYCE	GB4727779	1947/10/16	1951/4/18	21	1
有关改进到所述的叶片在一个装有叶片的转子密封	ROLLS-ROYCE	GB6018724	1960/5/26	1962/9/12	58	1
集水池密封系统	GENERAL ELECTRIC COMPANY	US04195525	1962/5/17	1964/5/19	49	4
液压密封件中的改进	ROLLS-ROYCE	GB6962167	1969/12/20	1972/8/9	21	1
燃气轮机叶片根部侧壁件密封件	GENERAL ELECTRIC COMPANY	US05489799	1974/7/18	1976/7/6	33	3
用于涡轮叶片尖端气体密封件	GENERAL ELECTRIC COMPANY	US05963864	1978/11/27	1980/11/11	58	1
燃气涡轮发动机中的流体压力控制	ROLLS-ROYCE	US06438632	1982/11/2	1984/5/8	36	3
涡轮叶片尖端密封件。	SNECMA	EP84401363	1984/6/27	1985/1/23	23	11
涡轮喷气发动机涡轮叶片密封装置	SNECMA	US06628311	1984/7/6	1986/1/21	59	11
汽轮机盖密封总成	UNITED TECHNOLOGIES CORP	US06633727	1984/7/23	1987/4/21	47	8

续表

名称	申请人	申请号	申请日	公开日	被引证次数	同族个数
用于密封燃气轮机壳体的高压部分的方法	GENERAL ELECTRIC COMPANY	US07742345	1991/8/8	1993/10/19	24	1
密封出口流量阻尼器	GENERAL ELECTRIC COMPANY	US07826723	1992/1/28	1993/6/15	55	1
气体涡轮机密封组件	ROLLS-ROYCE	GB9315884	1993/7/31	1995/2/1	26	2
刷式密封	UNITED TECHNOLOGIES CORP	US08336890	1994/11/9	1996/3/12	27	1
具有空气和蒸汽冷却涡轮燃气涡轮发动机	ROLLS-ROYCE	US08746165	1996/11/6	1998/6/2	51	4
密封板用于涡轮发动机	ROLLS-ROYCE	EP97306526	1997/8/26	1998/4/1	20	8
密封板	ROLLS-ROYCE	US08921538	1997/9/2	1999/9/21	46	8
在粗糙旋转表面上使用的刷密封件	GENERAL ELECTRIC COMPANY	US08942887	1997/10/2	1999/10/5	29	4
用于凹凸不平的旋转表面上的刷密封件	GENERAL ELECTRIC COMPANY	US08950082	1997/10/14	1999/8/24	53	1
减小风阻的高压涡轮前向外密封	GENERAL ELECTRIC COMPANY	US08997833	1997/12/24	1999/11/16	43	8

续表

名称	申请人	申请号	申请日	公开日	被引证次数	同族个数
燃气轮机级间密封装置	Mitsubishi Heavy Industries Ltd	US09124058	1998/7/29	1999/10/19	73	10
燃气涡轮发动机叶片密封组件	ROLLS-ROYCE	US09665580	2000/9/18	2002/4/16	42	7
燃气涡轮发动机叶片密封组件	ROLLS-ROYCE	US09924104	2001/8/8	2003/6/10	93	2
压力致动的刷密封件	GENERAL ELECTRIC COMPANY	US09682965	2001/11/2	2003/1/14	28	1
用于涡轮机的致动密封托架和改装方法	GENERAL ELECTRIC COMPANY	US09683277	2001/12/7	2003/1/7	77	1
旋转机械的致动密封件和改装方法	GENERAL ELECTRIC COMPANY	US09683406	2001/12/21	2003/6/3	103	1
固定装置，用于所述密封板的一个燃气涡轮发动机 EG	ROLLS-ROYCE	GB0403294	2004/2/14	2005/8/17	20	5
用于燃气涡轮发动机的转子叶片密封组件	ROLLS-ROYCE	US11088179	2005/3/24	2005/12/8	28	7
用于气体涡轮叶片密封和阻尼系统	Rolls-Royce Deutschland Ltd Co KG	EP05090080	2005/3/31	2005/11/30	20	4

附表 5　涡轮封严方式核心专利

名称	申请人	申请号	申请日	公开日	被引证次数	同族个数
密封装置用于一涡轮转子叶片中的一种气体涡轮发动机	ROLLS-ROYCE	GB8223143	1982/8/11	1984/4/4	24	1
风扇叶片平台密封件	GENERAL ELECTRIC COMPANY	US06675108	1984/11/26	1986/4/8	46	10
汽轮机转子密封体	GENERAL ELECTRIC COMPANY	US07639842	1990/12/10	1993/4/13	36	5
涡轮盘级间密封系统	GENERAL ELECTRIC COMPANY	US07785404	1991/10/30	1993/8/17	159	1
涡轮盘级间密封轴向保持环	GENERAL ELECTRIC COMPANY	US08032214	1993/3/17	1994/8/16	121	1
分段涡轮流道组件	GENERAL ELECTRIC COMPANY	US08086406	1993/7/1	1994/10/25	121	9
用于涡轮机叶片密封弹道屏障	GENERAL ELECTRIC COMPANY	US08116634	1993/9/7	1995/4/4	55	1
一种液压密封	ROLLS-ROYCE	US09215276	1998/12/18	2000/12/26	24	7
用于燃气轮机叶片的角翼密封件和用于确定角翼密封件轮廓的方法	GENERAL ELECTRIC COMPANY	US09987696	2001/11/15	2003/1/14	80	1

续表

名称	申请人	申请号	申请日	公开日	被引证次数	同族个数
涡轮叶片嵌套式密封件和阻尼器组件	UNITED TECHNOLOGIES CORPORATION	US11769756	2007/6/28	2009/1/1	38	3
涡轮叶片密封和阻尼器组件	UNITED TECHNOLOGIES CORPORATION	EP08252179	2008/6/25	2008/12/31	25	3
与涡轮发动机密封件有关的方法、系统和/或设备	GENERAL ELECTRIC COMPANY	US12418798	2009/4/6	2010/10/7	23	9
用燃气轮机中的涡轮叶片级密封的装置	GENERAL ELECTRIC COMPANY	US13088635	2011/4/18	2012/10/18	27	7
涡轮护罩的密封装置	GENERAL ELECTRIC COMPANY	GB1106682	2011/4/20	2011/12/28	22	10
涡轮发动机中外缘密封组件	Ching Pang Lee; Kok Mun Tham; Manjit Shivanand; Vincent P Laurello; Gm Salam Azad; Nicholas F Martin JR	US13768561	2013/2/15	2014/8/21	22	12

附表 6　涡轮封严涂层技术核心专利

名称	申请人	申请号	申请日	公开日	被引证次数	同族个数
风机风管外壳	ROLLS-ROYCE	US06948431	1986/12/31	1987/10/13	79	13
燃气轮机中罩体密封齿的钎焊修复	GENERAL ELECTRIC COMPANY	US10869344	2004/6/14	2005/12/15	34	4

附表 7　涡轮冷却结构中涉及叶片结构改变的核心专利

名称	申请人	申请号	申请日	公开日	被引证次数	同族个数
汽轮机隔膜结构	GENERAL ELECTRIC COMPANY	US04452682	1965/5/3	1967/1/31	51	6
用于燃气涡轮发动机的结构构件的冷却	GENERAL ELECTRIC COMPANY	US04483389	1965/8/26	1970/9/8	132	7
燃气涡轮发动机冷却系统	GENERAL ELECTRIC COMPANY	US3452542D	1966/9/30	1969/7/1	62	4
燃气涡轮发动机润滑剂贮槽通风和循环系统	GENERAL ELECTRIC COMPANY	US3528241D	1969/2/24	1970/9/15	86	9
喷射器冷却的燃气轮机壳体	GENERAL ELECTRIC COMPANY	US3631672D	1969/8/4	1972/1/4	107	8
燃气涡轮动力装置中通过弹性夹紧构件的冷却通道	United Turbine AB and Co Kommanditbolag	US05471176	1974/5/17	1976/3/16	55	10
具有二次冷却装置燃气轮机	GENERAL ELECTRIC COMPANY	US05803162	1977/6/3	1979/1/30	81	9
燃气涡轮发动机冷却系统	ROLLS-ROYCE	US05874741	1978/2/3	1979/12/11	71	12
带冲击挡板的护罩支架	GENERAL ELECTRIC COMPANY	US05912904	1978/6/5	1981/12/1	108	14

续表

名称	申请人	申请号	申请日	公开日	被引证次数	同族个数
冷却空气密封	GENERAL ELECTRIC COMPANY	US05956121	1978/10/30	1982/1/5	67	12
冷却燃气轮机叶片方法及其装置	HITACHI LTD	US05964632	1978/11/29	1982/7/13	71	6
燃气涡轮发动机的空气冷却系统	ROLLS-ROYCE	US06308188	1981/9/18	1987/4/14	75	6
具有涡轮盘空气冷却装置的涡轮喷气发动机的燃气轮机级	SNECMA	US06366134	1982/4/6	1984/7/3	100	6
具有改进空气冷却回路的燃气涡轮发动机	GENERAL ELECTRIC COMPANY	US06468216	1983/2/22	1984/8/21	101	17
涡轮冷却空气去涡器	GENERAL ELECTRIC COMPANY	US06518762	1983/8/1	1985/9/17	53	1
多次冲击冷却结构	GENERAL ELECTRIC COMPANY	US06595754	1984/4/2	1986/3/4	180	1
冲击冷却过渡管	GENERAL ELECTRIC COMPANY	US06941580	1986/12/15	1988/1/19	312	1
涡轮冷却空气传送装置	GENERAL ELECTRIC COMPANY	US07168522	1988/3/7	1989/11/28	118	1
涡轮叶片的冷却	ROLLS-ROYCE	US07437900	1989/11/17	1990/7/10	134	4

续表

名称	申请人	申请号	申请日	公开日	被引证次数	同族个数
冷却的涡轮机部件	ROLLS-ROYCE	EP89312335	1989/11/28	1990/6/27	51	6
内冷式机械零件的剪切喷射冷却通道	GENERAL ELECTRIC COMPANY	US07561138	1990/8/1	1998/1/6	117	2
涡轮叶片	GENERAL ELECTRIC COMPANY	US07581263	1990/9/12	1993/8/3	106	1
具有整体叶片冷却空气槽和泵叶片的涡轮转子盘	GENERAL ELECTRIC COMPANY	US07661930	1991/2/28	1992/9/1	51	4
联合循环燃气轮机蒸汽和空气的综合冷却	GENERAL ELECTRIC COMPANY	US07794032	1991/11/19	1993/10/19	147	1
具有相对壁紊流器涡轮叶片	GENERAL ELECTRIC COMPANY	US07809604	1991/12/17	1997/12/23	76	1
采用网格冷却孔布置的涡轮翼型壁的内冷却	GENERAL ELECTRIC COMPANY	US07830145	1992/2/3	1997/11/25	130	1
燃气轮机蒸汽/空气集成冷却系统	GENERAL ELECTRIC COMPANY	US07854580	1992/3/20	1994/8/23	114	16
中冷涡轮叶片冷却送风系统	GENERAL ELECTRIC COMPANY	US07923676	1992/8/3	1994/6/7	193	2
燃气涡轮发动机间隙控制	ROLLS-ROYCE	US08078218	1993/6/22	1994/10/4	72	8

附表 8　涡轮冷却结构中涉及加入新型结构的核心专利

名称	申请人	申请号	申请日	公开日	被引证次数	同族个数
用于燃气涡轮发动机的结构构件的冷却	GENERAL ELECTRIC COMPANY	US04483389	1965/8/26	1970/9/8	132	7
喷射器冷却的燃气轮机壳体	GENERAL ELECTRIC COMPANY	US3631672D	1969/8/4	1972/1/4	107	8
带冲击挡板的护罩支架	GENERAL ELECTRIC COMPANY	US05912904	1978/6/5	1981/12/1	108	14
具有涡轮盘空气冷却装置的涡轮喷气发动机的燃气轮机级	SNECMA	US06366134	1982/4/6	1984/7/3	100	6
具有改进空气冷却回路的燃气涡轮发动机	GENERAL ELECTRIC COMPANY	US06468216	1983/2/22	1984/8/21	101	17
多次冲击冷却结构	GENERAL ELECTRIC COMPANY	US06595754	1984/4/2	1986/3/4	180	1
冲击冷却过渡管	GENERAL ELECTRIC COMPANY	US06941580	1986/12/15	1988/1/19	312	1
涡轮冷却空气传送装置	GENERAL ELECTRIC COMPANY	US07168522	1988/3/7	1989/11/28	118	1
涡轮叶片的冷却	ROLLS-ROYCE	US07437900	1989/11/17	1990/7/10	134	4

续表

名称	申请人	申请号	申请日	公开日	被引证次数	同族个数
内冷式机械零件的剪切喷射冷却通道	GENERAL ELECTRIC COMPANY	US07561138	1990/8/1	1998/1/6	117	2
涡轮叶片	GENERAL ELECTRIC COMPANY	US07581263	1990/9/12	1993/8/3	106	1
联合循环燃气轮机蒸汽和空气的综合冷却	GENERAL ELECTRIC COMPANY	US07794032	1991/11/19	1993/10/19	147	1
采用网格冷却孔布置的涡轮翼型壁的内冷却	GENERAL ELECTRIC COMPANY	US07830145	1992/2/3	1997/11/25	130	1
燃气轮机蒸汽/空气集成冷却系统	GENERAL ELECTRIC COMPANY	US07854580	1992/3/20	1994/8/23	114	16
中冷涡轮叶片冷却送风系统	GENERAL ELECTRIC COMPANY	US07923676	1992/8/3	1994/6/7	193	2
涡轮叶片复合冷却回路	GENERAL ELECTRIC COMPANY	US08183620	1994/1/7	1995/2/7	112	1
具有对流冷却双层壳体外壁的涡轮翼型	GENERAL ELECTRIC COMPANY	US08203246	1994/3/1	1996/1/16	109	1
燃气涡轮发动机翼型的增强型冷却装置	GENERAL ELECTRIC COMPANY	US08308227	1994/9/19	1995/12/5	115	1

续表

名称	申请人	申请号	申请日	公开日	被引证次数	同族个数
冷却护罩	GENERAL ELECTRIC COMPANY	US08331401	1994/10/31	1996/12/17	158	5
闭路蒸汽冷却铲斗	GENERAL ELECTRIC COMPANY	US08414700	1995/3/31	1996/7/16	221	11
用于涡轮叶片平台的冷却系统	NAT D ETEDE ET DE CONSTRUCTION	US09013238	1998/1/26	2000/1/25	134	9
打开阻塞的冷却通道的方法	ROLLS-ROYCE	US09181570	1998/10/29	1999/12/21	133	8
用于翼型的成形冷却孔	GENERAL ELECTRIC COMPANY	US09576287	2000/5/23	2002/4/9	153	1
用于燃气涡轮发动机的冷却空气流控制装置	ROLLS-ROYCE	US09662009	2000/9/14	2002/11/26	106	4
用于燃气轮机的冷却空气系统	Daimler Chrysler A G	US10018272	2002/3/18	2003/9/2	106	8

附表 9　涡轮冷却结构中涉及优化控制系统的核心专利

名称	申请人	申请号	申请日	公开日	被引证次数	同族个数
用于燃气涡轮发动机的结构构件的冷却	GENERAL ELECTRIC COMPANY	US04483389	1965/8/26	1970/9/8	132	7
冷却带冠涡轮叶片	GENERAL ELECTRIC COMPANY	US3606574D	1969/10/23	1971/9/20	27	8
气体涡轮机	TOSHIBA CORP	JP09206631	1997/7/31	1999/2/23	11	17
燃气透平冷却系统	GENERAL ELECTRIC COMPANY	EP00301704	2000/3/2	2000/9/6	35	12
用于燃气涡轮发动机的冷却空气流控制装置	ROLLS-ROYCE	US09662009	2000/9/14	2002/11/26	106	4
计时的涡轮机翼面冷却	GENERAL ELECTRIC COMPANY	JP2001246341	2001/8/15	2002/5/31	13	8
涡轮冷却电路	GENERAL ELECTRIC COMPANY	JP2002077552	2002/3/20	2002/12/4	15	8
一种燃气涡轮发动机温度管理方法及装置	GENERAL ELECTRIC COMPANY	US12400916	2009/3/10	2010/9/16	11	8
冷却装置	ROLLS-ROYCE	US12461814	2009/8/25	2010/5/13	35	5
用于冷却涡轮叶片系统	GENERAL ELECTRIC COMPANY	US12691691	2010/1/21	2011/7/21	38	9

续表

名称	申请人	申请号	申请日	公开日	被引证次数	同族个数
用于冷却燃气涡轮发动机与控制器和所述涡轮叶片的顶端间隙控制和方法用于操作一燃气涡轮发动机	ROLLS-ROYCE	EP12193313	2012/11/20	2013/6/19	11	5
控制器，用于冷却所述涡轮机段的一个燃气涡轮发动机	ROLLS-ROYCE	EP12193315	2012/11/20	2013/6/19	34	6
冷却液供应系统	ROLLS-ROYCE	US13719899	2012/12/19	2014/7/31	27	4
冷却转子叶片角翼的方法和系统	GENERAL ELECTRIC COMPANY	US13972667	2013/8/21	2015/2/26	10	8
用于为涡轮机组件提供冷却的方法和系统	GENERAL ELECTRIC COMPANY	US14068776	2013/10/31	2015/4/30	11	6